Ⓢ新潮新書

黒川光博
KUROKAWA Mitsuhiro

虎屋
和菓子と歩んだ五百年

新潮社

はじめに

虎屋は創業四百八十年。室町時代に京都を発祥の地として菓子屋を営み、明治維新とともに東京にも進出、現在に至る会社です。私はその十七代目の当主になります。その間約五世紀、多くの方々に虎屋の菓子を愛していただきました。

虎屋が天皇に菓子をお納めした最初の御所御用《ごしょごよう》は、後陽成《ごようぜい》天皇（一五八六～一六一一在位）の時代にさかのぼりますが、それ以後歴代天皇ばかりでなく水戸光圀《みつくに》（黄門）から饅頭のご注文をいただいたり、吉良上野介《こうずけのすけ》にカステラなどを届けた記録も残っています。

明治に入りますと、遷都に伴い東京にも出張所を設けて御所御用の継続を果たすのですが、大正以降は御所、華族、財閥などのお客様の他、丸の内近辺の会社にも販路が広がりました。昭和三十七（一九六二）年には、池袋東武会館（現東武百貨店池袋本店）を皮切りにデパートへも進出して、さらに多くの方にも虎屋の菓子に親しんでいただくことになりました。

また私どもの菓子は国内ばかりでなく、宮様のリュックサックに入れられてアルプスに登ったり、南極の昭和基地に運ばれて観測隊員たちのおやつとなったこともあります。

一方、虎屋には幸いにして菓子に関する古い歴史史料も多く残されています。江戸時代の古文書だけでも約八〇〇点ありますが、これは歴代当主が大切に保存してきたからだと思います。

残念ながら、京都での度重なる火災や、太平洋戦争中の大規模な空襲などでその一部が焼失することもありましたが、それでもなんとか今日これだけの史料が残りました。空襲で工場が全焼した時、女子店員が近くの赤坂・弁慶堀に逃れ、持ってきた書類を水中に浸しておいたため焼失を免れたというエピソードも残っています。

このような史料をひもときながら、長い年月のなかで虎屋の歴史を彩っていただいた数多くの「虎屋のお客様」を紹介し、ついでに和菓子の歴史も振り返ってみようというのが本書の狙いです。歴史好きの方、和菓子や日本の食文化に興味のある方、そして何よりも虎屋を愛して下さるお客様たち……。そういう方々に読んでいただければ幸いです。

虎屋　和菓子と歩んだ五百年——目次

第一章

御所御用を勤めて

虎屋の看板。虎、饅頭、羊羹、洲浜の意匠（江戸時代）

後陽成天皇以来、虎屋は今日まで御所御用商人として歴代の天皇をはじめ皇室の方々に、また、宮中のいろいろな行事の折などに、菓子をお納めして参りました。

まずは、歴代の天皇・皇族との交流を通して虎屋の御所御用の状況を紹介したいと思います。ただし、ここで取り上げるのは虎屋との縁が特に深かった方、虎屋に史料が多く残る方々に限りますので、その点お断りさせていただきます。

御用菓子屋の顔ぶれ

「御用達」という言葉があります。「ごようたし」のほか「ごようたつ」「ごようだち」とも読みますが、これは天皇のお住まいになる御所などへ御用品を謹んで調達することを意味し、古来それを請け負う商人を御用商人、あるいは御用達商人と呼んで来ました。ちなみに明治には宮内省御用達は制度化されましたが、戦後廃止されています。

江戸時代の朝廷では、日常の消費生活財はもとより儀式に使う調度なども、このような特定の御所御用商人から購入していました。そうした商人のなかには、国名などを冠した受領名を許される者もおり、京都の町や同業集団のなかでも別格の存在でした。

御所御用商人の存在が歴史上に登場したのは鎌倉時代からといわれていますが、正確には分かりません。江戸時代に入っての宝暦四（一七五四）年の「御出入商人中所附《おでいりしょうにんちゅうところづけ》」という虎屋の古文書に、元禄十四（一七〇一）年の時点での御所御用商人二八五人と、それぞれの御用開始時期が記されています。

その中に餅、菓子、麺類を扱う商人がまとめて記されているので拾ってみました。

餅御菓子麺類

御代々　川端道喜《かわばたどうき》

後陽成院様御在位より　二口屋能登《ふたくちや》

同　虎屋近江

後光明院様御在位より　桔梗屋土佐

後西院様　同　　　　橘屋伊勢
後光明院様　同　麺類　丸屋市郎兵衛
仙洞様　　同　井筒屋　素麺屋勘左衛門

筆頭には、川端道喜の名前が挙げられています。現在も京都で粽《ちまき》を中心に菓子を作って盛業中の川端道喜は、戦国期から御所に餅や粽を納めており、御用商人のなかでも特別な存在でしたが、江戸時代は餅、粽を専門的に扱う店は菓子屋の同業組合にも入っておらず、菓子屋とは別の分類になっていたようです。

虎屋近江とあるのは、御用商人に許された受領名の虎屋近江大掾《おうみのだいじょう》を略したもので、二口屋と虎屋は後陽成天皇（一五八六～一六一一在位）の時代に既に御所御用を開始、桔梗屋、橘屋はそれより遅れてそれぞれ後光明《ごこうみよう》天皇（一六四三～五四在位）、後西《ごさい》天皇（一六五四～六三在位）の時代に御用を始めたというわけです。

江戸時代の御所御用菓子屋にはその後、松屋山城（現松屋常盤）も加わっていますが、後陽成天皇の時代から幕末まで変わることなく御用を勤めた菓子屋は二口屋と虎屋だけでした。その後明治維新を迎えた時の御用菓子屋は虎屋、二口屋、松屋の三店ですが、二口屋は天保年間（一八三〇～四四）に虎屋に吸収され、既に経営の実体を失っていたので、事実上虎屋と松屋の二店でした。

しかし、東京への遷都が決まった時の両店の対応は異なり、松屋はそのまま京都に残り現在も盛業中ですが、虎屋は東京にも店を設けることで御所御用を継続し、経営の維持を図りました。

「御用」と「献上」はよく混同されますが、御用商人にとって献上とは朝廷の年中行事や慶事、神事や仏事などの折、扱う商品やその他を無償で奉るものです。もちろん献上を願ってもすべてが叶うわけではなく、朝廷から許された者に限られていました。従って献上ができるのは名誉なことであり、御用と不可分の関係にあったわけです。

記録によれば、虎屋は古来「年頭八朔《ねんとうはっさく》御《ご》即位《そくい》并《ならびに》恐悦《きょうえつ》度《のたび》」に献上を行ってきました。年頭は正月、八朔は八月一日、御即位は天皇の即位時、恐悦は婚礼や立太子、誕生などの喜びごとを意味し、そのような折に献上するのです。虎屋が献上した品は鯛などの場合もありますが、やはり菓子が多く、その内容も献上の種類ごとにほぼ決まっていたようです。

後陽成天皇と秀吉

虎屋が御所御用を始めたのは後陽成天皇からです。ことのほか学問や学芸に関心が深い天皇で、和歌・書道、絵画も堪能で文化史上に果たされた役割も非常に大きなものがありました。虎屋の古文書には、後陽成天皇や天正年間（一五七三〜九二）について触れたものが少なからず残されています。

在位されたのは豊臣秀吉が天下統一をなしとげた後、徳川家康が政権を確立するまでの時代に当たります。秀吉の皇室尊崇を受けて皇室が安定した時期であり、後陽成天皇は大変な秀吉贔屓だったとも言われています。

その両者の関係が最も深く結び付いたのが、天正十六年四月の聚楽第《じゅらくてい》行幸でした。この行幸は秀吉の奏請を受け入れたもので、秀吉は前年京都内野に新築した聚楽第に諸大名を集めて後陽成天皇の行幸を仰ぎ、五日間にわたる宴を設けました。

秀吉はここで、「皇室および公家料の保護を、当分の間ではなく子々孫々まで異議なきことを申し置くべし」と諸大名に長く尊皇を誓わせています。秀吉が自らの威勢を天下に示すために天皇の権威を利用したといわれていますが、天皇側からいえば、戦国時代に低下した朝廷の権威回復に非常に大きな効果を挙げた行幸でもあったでしょう。

秀吉と言えば茶の湯好きは有名で、茶の湯を盛んに奨励した人ですが、その一例として「北野大茶湯《おおちゃのゆ》」があります。これは聚楽第行幸に先立つ天正十五年、京都の北野天満宮の境内を会場として催した大茶会のことです。

その際、秀吉は公家や大名、さらに京都、堺、奈良などの茶人に案内を出すとともに、「茶の湯に興味あるものは、若党、町人、百姓、唐国の者までも参会せよ」とお触れを出して、広く一般庶民にも参加を呼び掛けました。しかし、一方では「せっかくの好意に背いて参会しないものは今後茶の湯をしてはならない」とも命令しており、秀吉の庶民性と専制君主的な面の両方が表われているともいわれています。

この大茶会を催した狙いの一つは、秀吉が自分の持つ名物の茶道具を参会者たちに見せるためで、拝殿の広間の中央には黄金の茶室を組み立て「似茄子《にたり》」などの秘蔵の茶道具を飾って供覧に付しました。また、千利休、津田宗及《そうきゅう》、今井宗久《そうきゅう》らとともに亭主をつとめ、名器で茶を点《た》てて参会者を接待しました。

このように大掛かりなことが好きな秀吉らしい大茶会でしたが、これによって自らが茶の湯の保護者であることを天下に示すと同時に、人心の掌握を図ったのではないでしょうか。

最古の販売記録

後陽成天皇の後を継いだのが後水尾《ごみずのお》天皇（一六一一〜二九在位）。二十五歳の時に二代将軍徳川秀忠の娘和子が入内し、中宮（後の東福門院）となっています。在位中はちょうど徳川幕府の草創期。幕府は新しい朝幕関係の確立を目指し「禁中並公家諸法度《きんちゆうならびにくげしよはつと》」を定めるなど、朝廷抑制の方針を打ち出します。

その後も朝廷の内政や特権に対する介入が続いたため、これに反発した後水尾天皇は寛永六（一六二九）年、幕府に諮ることなく、突然第二皇女に譲位（明正《めいしよう》天皇）。以後、後光明、後西、霊元《れいげん》の四代にわたって自らの皇子女を天皇位につけ、上皇として延宝八（一六八〇）年まで半世紀にわたって院政をしかれたのでした。

一方で当時は、文芸復興の機運に満ちた時代でもありました。京都の天皇や公家、僧侶、武家、そして上層町人までを包み込む形で清新な寛永文化が生まれ、詩歌会、連句、連歌会、茶会、花会などが盛んに催されました。後水尾天皇は和歌・連歌をはじめ、茶道・花道にも長じ、寛永文化の重要な担い手であるとともに、文化サロンの中心人物でもありました。近世初頭、朝廷では廃絶していた年中行事が復興したのも、後水尾天皇（上皇）の大きな業績の一つであります。

この江戸時代初期、虎屋は御所に対してどのような菓子を納めていたのでしょうか。

寛永十二年九月、女帝・明正天皇は父君である後水尾上皇の御所へ行幸されています。これには多くの公家がお供し、五日間に及んだ滞在中、天皇と上皇は舞楽や猿楽をたっぷり楽しまれたとのことですが、この行幸に際して虎屋と、前述の二口屋が納めた菓子の記録が「院御所様行幸之《いんのごしょさまぎょうこうの》御菓子《おかし》通《かよい》」に残っています。

これは虎屋に残る最も古い帳簿で、菓子屋の販売記録としては非常に古いものですが、これによると虎屋が五日間毎日お納めした菓子の明細は、以下のとおりです（傍線は南蛮菓子）。

大饅頭（二五〇〇個）、薄皮饅頭（一四七五個）、羊羹（五三八棹《さお》）、豆飴（一七棹）、雪餅（四〇箱）、なんめん糖（三〇〇個）、高麗煎餅（二〇〇枚）、砂糖榧《かや》（四八袋）、煎り榧（八袋）、さん餅（一〇袋）、落雁（一二斤）、みずから（二八袋）、水栗（一〇〇個）、りん（二五袋）、南蛮餅（二〇棹）、有平糖（七〇斤）、けさしいな（四八斤）、かすていら（六六斤）、かるめいら（一〇斤）、はるていす（一六斤）、昆布（一四本）、結び熨斗《のし》（二〇〇本）、杉楊枝（三〇〇〇）、縁高《ふちだか》楊枝（二〇〇）

代金は二口屋と合わせて銀二貫七四九匁《もんめ》三分にも及び、虎屋はそのうち一貫二六〇匁八分頂戴しています。虎屋が頂いた金額を金に換算すると二五両あまりになり（米価で換算して約二五〇万円ほど）いかに盛大な行事であったかがうかがえます。

また、当時の菓子の様子もよく分かります。現在では実体不明の菓子もこの中には含まれていますが、昆布が菓子として扱われていたこと、さらには「有平糖《あるへいとう》」「かすていら」「かるめいら」「はるていす」など南蛮菓子の種類がかなり多いことにも気付かされます。また杉楊枝や縁高楊枝も菓子屋が納めていました。

南蛮というのは一種の蔑称になりますが、十六世紀に南方から日本へ来航したポルトガルやスペインの人を、当時の日本人は中国の呼び方にならって南蛮人と呼んでいました。南蛮菓子とはその時代から十七世紀にかけて、平戸や長崎を通じて日本にもたらされた菓子のことです。

代表としてはカステラ、金平糖などが挙げられますが、その特徴は当時貴重だった砂糖がふんだんに使われていたことです。特に金平糖などはいわば砂糖の塊であり、食べる人を驚かせました。贈り物としても非常に貴重な存在だったようです。

とは言うものの、この時代は和菓子の完成期といわれる元禄時代に先立つこと半世紀で、まだ素朴な菓子が中心でした。

和菓子の歴史

時代は多少前後しますが、ここで和菓子の歴史を簡単に振り返ってみます。「菓子」という言葉には本来、果物や木の実という意味があり、古代ではこの方が一般的でした。

これが和菓子のルーツといえますが、やがて米や雑穀などを加工した餅や団子が登場します。

そしてこれらは外国食文化の影響を受けてさらに発展の道をたどります。まず、七世紀から九世紀にかけて遣唐使がもたらした唐菓子《とうがし》（米や小麦粉の生地を油で揚げるものが多い）があり、鎌倉時代には留学僧や中国人僧侶が中国からもたらした点心（羊羹や饅頭など）が登場します。十六世紀から十七世紀にかけては前述の南蛮菓子も入ってきました。

これらに加え、安土桃山時代には千利休によって茶の湯が大成、その茶の湯の発展とともに、和菓子は十七世紀後期の元禄文化の中で華やかさを増していきます。

五代将軍徳川綱吉治世の元禄時代（一六八八〜一七〇四）は、農業生産、商品流通が発展した時期にあたり、京都、大坂、江戸の三都市を中心に元禄文化が花開いた時代でもありました。この時代の代表的文化人としては、井原西鶴、近松門左衛門、松尾芭蕉、初代市川團十郎、尾形光琳、菱川師宣《もろのぶ》などが挙げられます。

この元禄文化には琳派に代表される王朝趣味が見られ、京都では公家や僧侶あるいは武家や上層町人をも含んだ文化サロンが形成され、『源氏物語』や『古今和歌集』を素材にした芸術がもてはやされています。工芸や友禅染の流行によって、その美しく彩られた染織や工芸の美意識が菓子にも影響を与えたと考えられます。

それまでの菓子は饅頭や羊羹、あるいは餡餅《あんもち》や昆布などといった素朴なものでしたが、意匠に工夫を凝らし、『古今和歌集』や王朝文学に想を得た雅な名前の菓子が登場するようになります。これを菓子屋では「菓銘《かめい》」と言います。味覚や触覚、嗅覚ばかりでなく、意匠を視覚で楽しみ、菓銘を聞いて聴覚でも楽しむという和菓子が大成したのです。

意匠が重視されるようになると虎屋でもそのような菓子の姿を描き、菓銘を記した菓子絵図帳を作成するようになりました。これは見本帳とも呼ばれ、お客様から注文をいただく時の一種のカタログの役割も果たしました。虎屋に残る菓子絵図帳のうち、最も古いものが元禄八年の一冊。中には、「しら藤《白》」「さか野《嵯峨》」などの菓銘がつけられた七四種の菓子が描かれ、当時の姿を今に伝えています。

光格天皇の行幸

光格《こうかく》天皇は在位中（一七七九〜一八一七）の業績も多く、江戸時代後期では最も傑出した天皇の一人といわれています。

御所を造営するにあたって平安時代的な復古様式を取り入れたり、石清水《いわしみず》八幡宮や賀茂社の臨時祭を再興されたほか、天明の飢饉（一七八一〜八九）では窮民の救済を幕府に申し入れるなど、それまでの天皇があまりなされなかった政治的行為も行われました。

光格天皇は虎屋にとっては特に縁が深い方でした。歴代の天皇から菓子の名前（御銘《ぎょめい》）をいただいていますが、その中でも特に多いのが、この光格天皇（上皇）からのものです。

光格天皇は、修学院離宮《しゅがくいんりきゅう》が大変お好きで、たびたび行幸されていますが、ほとんどが上皇になってからのことでした。当時、天皇は原則として御所を出ることはなく、一五〇メートルほど離れた仙洞《せんとう》御所（上皇の住まい）を訪ねるのにも手続きが必要でした。上皇になってやっと自由を手にされたわけです。

修学院離宮は、京都比叡山西麓の高台にあり、後水尾上皇の指示により造営された山荘です。当初は「御茶屋」と呼ばれる上下二つの庭園からなっていました。その後文政七（一八二四）年に、幕府によって大修理が加えられました。広さは約五四万平方メートル、上の離宮からの洛北の眺望は雄大です。

光格上皇は文政七年から天保四（一八三三）年まで十二回にわたって修学院離宮へ行幸されていますが、虎屋にはこの行幸御用関係の古帳簿が文政七年九月から十三年三月までの五年半にわたって六冊残っています。

それによると、羊羹のように本数で数える「棹菓子」が四七種、饅頭のように個数で数える「数菓子」が一一四種、飴のように重さで数える「干菓子」二四種が納められています。

御銘頂戴

話を戻しますが、虎屋には現在約三〇〇〇の菓銘が伝わっており、その中で歴代天皇や宮家、あるいは摂関家などの高位の方からつけていただいた菓銘を、特に「御銘」という言葉で区別しています。

記録によりますと、光格天皇お好みによる仰せ付けで虎屋が最初にお納めした菓子は、寛政五（一七九三）年の「伊勢桜」ですが、その後、文化二（一八〇五）年には調進した菓子に「春の野」という御銘をいただいた旨の記録が残されています。恐らくこれが光格天皇に御銘をいただいた最初かと思われます。

その後、上皇になられてからは、「春の野遊《のあそび》（のちに千代の蔭と改め）」「長月《ながつき》」「山路の菊」「花の粧《よそおい》」「長生餅《ちようせいもち》」「唐衣《からころも》」など数多くの御銘をいただいています。「山路の菊」「唐衣」などは現在も虎屋で販売している菓子です。古文書には「御好被仰出御銘被下《おこのみおおせいだされぎよめいくだし》置候《おかれそうろう》」とあり、天皇がお好みの菓子を指定され、合わせて御銘を下されたようです。

なお、天皇や上皇からの御銘は口頭で伝えられ、それを虎屋が記録したものであったらしく、御銘頂戴書（命銘書）などは残っていません。しかし、菓子の注文記録はじめ多くの史料には、御銘を頂戴した時の日付などが付記されています。

例えば、現在、山芋を使った薯蕷《じようよ》饅頭としてお作りしている「長生餅」の場合は、虎屋の「御吟味御直段定之覚《ごぎんみおねだんさだめのおぼえ》」に値段や小倉餡入りであることなどが書かれており、その後に「右仙洞様御好御銘　天保三年六月七日」とあります。これによって仙洞様、つまり光格上皇より御銘をいただいたことがわかります。また、表面に根引きの松の焼印がつけられたことが絵図とともに記されています。松は常緑樹で不老不死の象徴ですから、それがこの御銘に結び付いたのかもしれません。

宮中行事の折々に

ここで、宮中の行事を通して、当時菓子がどんな役割を果たしていたか、考えてみたいと思います。

宮中では古来、元日の四方拝《しほうはい》から始まって四季折々の祭事儀礼や、天皇の即位式・大《だい》嘗祭《じょうさい》などさまざまな行事が行われています。永年、御所御用を勤めてきた虎屋には、このような宮中行事の折に納めた菓子の記録が残されています。

なかでも重要なのは、天皇にとって一代一度の御即位式ですが、天皇は皇位を継がれると、ただちに皇位の象徴である三種の神器を継承されます。これを践祚《せんそ》と言い、その後、日を隔てて皇位継承を広く天下に示すための御即位式が行われます。

この御即位式に虎屋がどのようなものを納めたかを示す文書があります。延享四（一七四七）年五月二日、桜町天皇が桃園天皇に譲位された時の践祚の式に、虎屋が宮中にお届けした物とその譲位の模様を日記風に書いたものです。

桜町天皇の御譲位（新天皇は桃園天皇）により御清所《おきよどころ》（天皇のお食事を調進する所）に御用をうかがった。これまでの天皇は今後は桜町御所と申される。お届けしたのは「朝日山」（羊羹）四五棹。代金は銀一〇六匁九分六厘五毛。皇后様は中宮御所と申される。桜町御所様は鳳凰を飾った輿に乗られ、皇后様は後からお供された。公家御門から桜町御殿まで竹で桟敷が作られ、すべての宮様と公家は中の桟敷まで渡られた。御所との関係もあって、この儀式は御用商人に至るまでが拝見できた。そのにぎやかさは言葉であらわせない。洛中洛外では、この日は一日中火を燃やすことを禁止されたが、御用を勤める菓子屋と粽屋（川端道喜）は許されたので、虎屋では菓子作りのため火を燃やした。

宮中では儀式の際に舞や能が催されることもあり、虎屋ではその折々にも菓子を納めてきました。桃園天皇が即位された延享四年の十月二十六日と二十七日には、即位を祝う御即位御能が催され、その時の演目やお納めした菓子が虎屋の延享五年「御用留《とめ》」にも記録されています。

それによると、両日で十八番の能が上演され、虎屋では二日間にわたって大焼饅頭（三〇五〇個）をはじめ、三二種類に及ぶ菓子をお納めしています。特に饅頭は皇族方からの御所献上用の井籠《せいろう》入りも含め、二日間で大小とりまぜ五五〇〇個余もお納めしました。二十七日には能を拝見していた人々に饅頭二〇〇〇個、粽一〇〇〇把がまかれたとの記述もあります。

皇女和宮の月見

このように、菓子はさまざまな行事や儀礼の場で使用されてきました。時には餅や菓子が行事の中心となる場合もあります。その意味では、古くから宮中で行われてきた「月見」も菓子が重要な役割をになう行事の一つでした。

ここでの月見とは、現在一般的に考えられている観月の宴ではありません。宮中や公家の間で行われていた成年儀礼のことです。『明治天皇紀』（宮内庁編）には「男女十六歳に至れば、六月十六日をもって月見の儀を行う」とあり、特に女子の場合は男子の元服にも似たもので、当時はこれを「女子の元服」とも言ったようです。

行事の具体的な内容は、月に多くの菓子をお供えし、その中の饅頭一個を取り出し、萩の箸でこれに穴を開け、その穴から月をのぞきみるというものです。萩には邪気を祓う呪力があるといわれていたので、萩の箸が使われたのでしょう。

そして月見が終わった後は、一晩中、舞や囃子などが催され、酒肴も出されました。翌朝、供えられた菓子をみんなで分けて解散という段取りで、夜を徹して楽しんだ公家の文化を垣間見ることができます。

この儀式に使う調度や饅頭などについては、朝廷の儀式用の食膳などを調進する御厨《み ず》子所《しどころ》預《あずかり》を勤めた高橋家に残る史料（慶應義塾図書館所蔵）から、幕末期における「月見の儀」の具体例をみることができます。

これによると、安政六（一八五九）年六月十六日、公家の広橋家が千鶴姫の月見を行った際の調進物は、饅頭、汁、萩箸、箸を据える土器、三方、盃、銚子などで、そのうちの饅頭五個については虎屋が納めたと記録されています。千鶴姫がこの饅頭に穴をあけて月を見たのです。

また、十四代将軍徳川家茂《いえもち》に降嫁された和宮の月見の儀にも、虎屋が菓子を納めました。和宮は仁孝《にんこう》天皇（一八一七～四六在位）の第八皇女で、六歳で有栖川宮熾仁《ありすがわのみやたるひと》親王と婚約されましたが、幕府は幕権強化のため公武合体策を標榜して家茂への降嫁を奏請。文久二（一八六二）年に家茂と結婚ということになりました。いわば政略結婚の犠牲者とも言えます。

わずか四年半で家茂と死別し、十五代将軍慶喜《よしのぶ》も大政を奉還したため、公武合体は泡のごとく消えてしまいました。その間、慶喜に恭順を勧め、徳川家救済のため朝廷に嘆願書を送るなど並々ならぬ努力と苦労をされた方です。

その和宮が降嫁される二年前の万延元（一八六〇）年六月十六日、宮中で月見の儀が行われました。虎屋に残る「大内帳《おおうちちよう》」の記録によれば、お納めした菓子は「水羊羹八棹、水仙まんぢう一〇〇、琥珀《こはく》まんぢう五〇、諏訪海五〇、雛鶴五棹、椿餅三〇、大焼まんぢう二〇〇、武蔵野二三棹、月見まんぢう壱ツ、御献まんぢう二〇」とあります。

これを見てまず驚くのは、その量と種類の多さです。「水仙」とは葛を使った菓子に、「琥珀」は砂糖と寒天で作ったゼリー状の菓子に使われる言葉ですが、涼しげな透明感のある菓子からは、いかにも夏らしさを感じ取ることができます。これらのうち「琥珀まんぢう」と「諏訪海」は「ぎやま徳り（ギヤマン徳利）」というガラス製の器に入れて届けられました。

「月見まんぢう壱ツ」とありますが、これがまさにこの月見の儀の主役で、和宮が穴をあけられたことでしょう。

天皇と庶民をつないだ饅頭

幕末から明治維新へ。日本が近代国家建設に向けて飛翔を始めた時期に御即位された明治天皇（一八六七～一九一二在位）は、まさに近代日本を象徴する天皇でもありました。

この時代、日本の政治と経済は大きく変化しましたが、虎屋にとっても一大転機を迎えた時でした。京都で長年御所御用の役目を果たしてきた虎屋が、東京遷都という思ってもみない事態に直面し、天皇とともに東京へ進出するか、それとも京都に残るかの決断を迫られることになったのです。あれこれ悩んだ末、当時の店主・十二代黒川光正《みつまさ》は、とりあえず二口屋能登を継いでいた庶兄の黒川光保《みつやす》を名代として東京出張所を設け、まずは様子をみるという方法をとりました。

明治天皇は遷都に先立ち、まず明治元（一八六八）年九月二十日京都を出発、東京に行幸されました。遷都の下準備も当然ですが、それ以外にも京都から東京に至るまでの道中に住む一般庶民に対し、天皇の存在をはっきり知らせる意味もあったといわれています。

江戸時代の庶民は幕府の存在は知っていても、天皇についてはあまり知りませんでした。だから、行幸の途中で行事をしたり、菓子などの配りものを与え、また日頃自分たちがひれ伏している領主が天皇の前で平伏している姿を見せて、天皇の権威を示したわけです。

この行幸には、天皇が召し上がる菓子を用意するため、前述の黒川光保も同行しています。また、行幸の途中で地元の庶民などに下賜される菓子も、虎屋が地元の菓子屋と共同作業で作ることがあったようです。例えば『明治天皇紀』によりますと、九月二十七日、天皇は熱田神宮を参拝後、稲の収穫をご覧になり、刈り取りをした農民一同に菓子を賜りねぎらわれました。

この時は熱田（名古屋市）の「つくは祢《ね》屋」という菓子屋が調進したのですが、同家の史料には「御用御膳方黒川能登之掾、川端道喜右両家出張ニ相成申候」とあり、虎屋の黒川光保と御用粽餅屋の川端道喜がつくは祢屋に出向き、菓子の製造に立ち会ったか、あるいは共同で作ったことをうかがい知ることができます。

なおこの史料によりますと、下賜用の菓子は菊の御紋の焼印が押された直径三寸（約九センチ）の饅頭で、合計三〇〇〇個。このほか天皇がお召し上がりになる菓子もここで作られましたが、御用を勤めるに際し、つくは祢屋の軒先には菊の御紋の提灯が吊されれ、家に注連縄《しめなわ》が張られたということです。

その後一度京都に戻られた天皇は明治二年三月七日、再び御所を出発、途中伊勢神宮、熱田神宮、岡崎、浜松、小田原などを経て同二十七日品川着、二十八日に皇居入りされました。虎屋東京出張所の責任者となる黒川光保も同行、途中吉原宿（静岡）から先行して二十六日に東京入りし、早速御用の準備を始めています。

明治天皇の甘味好き

明治天皇は御幼少の頃から甘い物がお好きだったようで、行事やお祝いの時には父君である孝明天皇からよく菓子を贈られていたとのことです。

飛鳥井雅道氏の『明治大帝』を読むと、明治時代の政府は欧風化政策を進め、天皇も公式の行事では洋服や軍服を召され、率先して牛乳を飲むなど、欧米の生活スタイルを取り入れられていました。しかし、これはあくまで公務や表向きの生活であって、公務以外の日常生活（奥向き）では和服を着用、部屋も畳、食事も和食を好まれたということです。そして、ここでも天皇は甘いものが好きだったと書かれています。

当時の皇室と虎屋の関係については、明治四十三年十月二十五日の『菓子新報』に「九重の御菓子」の見出しで紹介されています。

天皇のお菓子は基本的には皇居内の大膳職で作っているが、時には赤坂虎屋黒川などにご用命がある。召し上がりのお菓子の種類は一〇〇〇種の多きにも及ぶが、一ヶ月の間同一種類になることは絶えてなく、何らかの珍しいお菓子を作るよう女官を通じてご内命がある。お気に入りのお菓子には陛下自らが命名され、虎屋でも羊羹はもちろん、「月影」「三河の沢」「乱菊」「難波津」「御紋饅《ごもんまん》」など既に命名いただいたお菓子の種類は二〇種以上に及ぶといわれている。材料はすべて純日本糖のみを用いることとし、黒砂糖は大島薩摩、純白糖は阿波、土佐などのものを用いている。製造所にはいかなることがあっても婦人の出入を禁じ、虎屋にては十三歳の幼時より当年六十二歳まで五十年間勤めてきた譜代の職工が製造。監督には主人自らがこれに当たり万全を期している。

ここでも触れられているように、虎屋は明治天皇から実に多くの御銘をいただき、その数は二〇を超えるといわれますが、その中で特に感銘の深いのは「若紫」です。かつて宮中の祭祀に従事されていた方からうかがった話によりますと、この御銘は和歌や古典文学に造詣が深かった明治天皇が愛読されていた『源氏物語』の「若紫」にちなんでつけられたとのこと。

この菓子は毎年二月、虎屋が宮中賢所《かしこどころ》へ恒例のようにお納めしているものですが、腰高の饅頭に緑色で籠目がつけられており、これを伏籠《ふせご》に見立てることもできます。そんなところから、飼っていた雀を童に逃がされて泣き訴える若紫の姿を想像されたのでしょうか、御銘を下されたという話です。この菓子は主として宮中の行事に使われてきましたが、現在では多少意匠を変えて時々一般にも販売されます。

なお十四代光景《みつかげ》は、天皇崩御後の大正二（一九一三）年三月二十八日の『菓子新報』でこう書いています。

「若紫」

先帝陛下は菓子に対する趣味が甚だ深く御在《おわ》しましたようで、私に対して数々《しばしば》献進の御下命もありましたが、そのたびごとに材料その他について注意があったばかりでなく、菓子の名称についても古歌等より極めて優美なものを抽《ぬ》きとって御下賜になったこともたびたびありましたので、私はただただ恐懼《きょうく》に堪えざる次第でありました。

皇居炎上と店舗移転

ところで虎屋の東京本社は現在、港区赤坂にありますが、明治維新直後、黒川光保が東京出張所として店を構えたのが、伝奏屋敷（現在の千代田区丸の内一丁目）でした。その後、十二代黒川光正が明治十二年三月、虎屋として東京で本格的に営業を始めるために上京した時も、当初は京橋区の元数寄屋町（現在の中央区銀座五丁目）に開店しています。

どちらも赤坂よりは皇居に近く、御所御用を勤めるにも便利だったと思われますが、その光正が上京から約半年後の九月十四日に赤坂区赤坂表（現在の港区元赤坂一丁目、虎屋東京工場の近く）に移転しました。

御所御用を承っているのに、どうして皇居から遠くなる赤坂に店を移したのかとよく聞かれることがあります。これについては確たる証拠はありませんが、皇居の火事にも関係があるかもしれません。

明治六年五月五日の早朝に出火、皇居内の建物はほとんどが焼失しました。天皇皇后両陛下は赤坂離宮を仮皇居とされ、ここで以後十五年にわたって仮住まいされたのでした。側近たちが新皇居建設を急ごうとするなか、質素を旨とする明治天皇は「費用がかさむ。自分は今のところで十分だ」と、しばらくは建設に反対されたというエピソードもあったようです。明治二十一年になってやっと現在の皇居が完成し、翌年一月両陛下がお帰りになられました。

虎屋が赤坂に店を移したのが明治十二年九月のことですから、明治天皇の仮住まいに合わせ、より近い場所に店を持とうとした結果ではないか、という推測も成り立つというわけです。

葉山の大正天皇

明治四十五年、明治天皇が崩御され、大正の時代が始まりました。しかし大正天皇は病弱であったため、在位（一九一二～二六）は十五年という短期に終わりました。大正時代の御所御用では、元年九月の明治天皇の大喪の礼や四年十一月の大正天皇の即位の礼などにも、菓子をお納めしております。

当時、御所御用の品物はすべて宮内省大膳寮を通してお納めすることになっていました。現在は宮内庁管理部大膳課と名前が変わっていますが、宮中行事の際の饗宴、茶会などのほか、天皇、皇后両陛下、皇太子ご一家の日常のお食事についての調理および供進に関する事務を取り扱うという業務内容はほとんど変わっていません。

宮内省大膳寮へ御所御用の商品を納めるに当たっては、参上する店員の氏名や、使用する原材料の産地、使用色素を届け出るほか、「大膳寮物品供給人心得書」に従って所定の証明書を提出する必要がありました。次は心得書の要約です。

①大膳寮へ物品提供を希望するものは、営業証明書、納税証明書、戸籍謄本などを添付し、二名以上の保証人の署名を付け、願書を提出すべし。
②物品納付に当たっては主任官吏立ち会いの上、検査を受けた後引き渡すべし。
③物品供給人の怠慢などにより納期が遅れた場合、または品質の劣る物を納入した場合には、大膳寮物品供給人を差し止めることがある。

虎屋の菓子の中で大正天皇のお好みは、「高根羹」という羊羹でした。これは、山部赤人の「田子の浦ゆうち出でて見ればま白にぞ富士の高嶺に雪は降りける」の和歌で有名な美しい富士の高嶺を模したものです。ことのほかお好みだったようで、御所の御用を記録した大正年間の「大内帳」には、しばしばその名が記されています。

「高根羹」には蒸羊羹製と煉《ねり》羊羹製がありますが、現在は大棹《おおざお》の煉羊羹製でお作りしています。赤い空を背景に雪をいただいた富士山の意匠がことのほかめでたく、新年をことほぐ菓子として毎年十二月のみ販売しています。

東宮の行啓と戦時の御用

昭和天皇の在位（一九二六〜八九）は、六十四年の長きにわたりました。国土を荒廃させた第二次世界大戦の勃発や、戦後の日本の目覚ましい経済復興など激しい変化の時代を生きられた天皇でした。

大正天皇の健康がすぐれなかったことから大正十年に摂政に就任された昭和天皇は、

皇太子時代から天皇の名代としてヨーロッパ、台湾、樺太への訪問、北海道、四国、東北ほかでの大演習など、各地に行啓されていました。その度ごとに菓子のご注文をいただいたため、同年を境に東宮関係の御用が急激に増えています。

大正十年三月三日、皇太子は巡洋艦・香取に乗って初めて訪欧の旅に出られました。その時に虎屋が注文を受けた菓子は、外国への長旅ということもあってやはり日保《ひも》ちのする紅白の押物《おしもの》製（干菓子の一種。砂糖に澱粉、寒梅粉《かんばいこ》を混ぜ、木型に入れて押し、乾燥させたもの）五〇〇〇個や、缶詰にした羊羹（二〇〇缶）、そして煎餅（五〇缶）などが中心となっています。ちなみに缶詰の羊羹は、現在でも人気商品の「夜の梅」「おもかげ」などでした。

一方、御所御用全体の数量から言えば軍事演習での御用が突出していました。大正十一年十一月には陸軍の四国大演習があり、約一ヶ月間にもわたって菓子を納めています。多い時には一日に紅白の押物が合計四〇〇〇個も納められたこともあります。

昭和天皇の即位の礼は、昭和三（一九二八）年十一月十日に京都御所の紫宸殿で行われました。即位を祝し、東郷平八郎元帥をはじめとする官民代表、各国の大公使らが出席、田中義一首相の発声で万歳を三唱、京都の街には花電車が走り、東京でも提灯行列が催されるなど祝賀ムードが高まりました。

虎屋ではこの即位の御大礼をはじめとする諸行事にご注文をいただき、「鏡餅」「椿餅」、紅白の煉羊羹などをお納めしました。なお御大礼当日、東京の虎屋では午後三時に全店員が店の表に出て、一斉に万歳を三唱したそうです。

このあと日本は昭和十二年に日中戦争、十六年に太平洋戦争に入りますが、戦時中、虎屋が皇室用にかなりの量を納めたのが「御紋菓」と呼ばれる菊と桐の御紋をかたどった押物です。

これは昭和天皇の名代で各宮様が戦地を慰問された際に、二〜三個詰めにして下賜されたものです。戦死者の家族にも、五個入りの「御紋菓」が渡されるのが習わしでしたが、戦争が激しくなり戦死者が増加すると、箱詰めにされる個数が次第に減っていくという悲しい現実もありました。

また当時考案された菓子には、爆弾をかたどったり、勇ましい名前がついたりなど、時代を反映したものが多くありました。例えば、虎屋では日中戦争での戦果を祝し、富士山に星と桜の花をあしらった菓子を献上したところ、大宮御所から「皇国《ミクニ》の精華《ヒカリ》」の御銘をいただきました。また太平洋戦争時の昭和十七年には「雄飛」の御銘をいただいたとの記録も残っています。

昭和天皇のご好物に「虎屋煎餅」がありました。虎屋で煎餅というと奇異に思われるかもしれませんが、江戸時代から戦前までは虎屋でも煎餅を作っておりました。皇太子時代の訪欧に際した菓子のリストにも入っており、戦前にはよくお納めしたようです。「虎屋煎餅」は、小麦粉、卵、砂糖、牛乳が入った甘い煎餅で、直径は一一・六センチ。表面にある絵柄は、屋号にちなんだ竹と虎の組み合わせなど三種類ありますが、いずれも富岡鉄斎によって描かれたもので、別名「鉄斎煎餅」とも言われていました。この焼型は、今でも京都の土蔵に九丁、東京の虎屋文庫に三丁が保存されています。

実は昭和五十年代にも昭和天皇からご注文があり、東京工場で一、二回お作りしたことがあります。経験豊かな当時の東京工場の技術部長が、保存してあった焼型を使って一人で一枚一枚作りました。陛下が御幼少の頃お召し上がりになっていたのを思い出されて御所望になり、宮内庁の大膳課からご注文をいただきました。型に油がなじみにくい、割れる、模様が出にくいなどの理由で、製造作業はとても難しいものでした。

昭和天皇を偲んで

昭和天皇は昭和六十四年一月七日崩御されましたが、十六代光朝《みつとも》は、二月二十一日の殯宮祗候《ひんきゆうしこう》、二十四日の大喪の礼に参列を許されました。

大喪の日、虎屋の社員は全員喪章をつけて仕事をしました。赤坂の店の前を轜車《じしや》がお通りになるときは、東京地区の社員が店頭に並んでお見送りをしました。また京都地区・御殿場地区では工場食堂に集合し、正午に黙禱をしています。

父・光朝は、昭和天皇とほぼ同じ時代に人生を送っただけに、天皇に対する尊敬の念はだれよりも強く、園遊会の招待をいただいたり、ご葬儀に参列させていただいたことなどを一生の誇りとしていました。特に園遊会でお声をかけていただいた時の感激はひとしおで、昭和六十二年の社内報『まこと』では「園遊会」と題して次のように書いています。

五月二十日の春の園遊会にお招きを受けた。私としては初めてのことである。式部官長が「全国和菓子協会の黒川でございます」と言上されるや「きょうはよく来てくれてありがとう」と一歩踏み出され、三十糎《センチ》も離れぬ至近でのお言葉だった。さらに「毎月二十五日にはお菓子をありがとう」のお言葉を賜り、「ありがとうございます」の一言がやっとの位、涙にむせぶ一瞬だった。そして皇太子殿下、美智子妃殿下からも「いつもお菓子を楽しみにしています」、続いて浩宮様も「しばらくでした。お元気ですか」。礼宮様からも会釈を賜った。（中略）店から毎回お納めしている菊焼残月の五個入りを頂戴して退出した。二十五日献上のお菓子は、毎月必ず召し上がっておられるそうで、和菓子屋の主人として名誉この上もない。

昭和天皇崩御の後、皇太后陛下から天皇陛下の遺影にお供えする菓子の製造依頼がありました。昭和天皇は海洋生物と植物に造詣が深く、国際的に高い評価を得られている方でもありましたので、科学者天皇を偲ぶ意味で、特にご関心が深かった「貝」と「シダ」にちなむ菓子を作れないかとのご注文でした。

虎屋ではそれを受けて二種類の羊羹をお作りしたのですが、皇太后陛下からはそれぞれに御銘を頂戴しました。一つは、薄鴇《とき》色（鴇の羽のような色。わずかに灰色のかかった淡紅色）の帆立貝をかたどった生菓子で「葉山幸《はやまのさち》」、もう一つは、黒台の上部に白いシダの模様を刷り込んだ蒸羊羹製で「木下道《こしたみち》」の御銘でした。皇太后陛下は生前、みどりの日と昭和天皇の御命日には、この二種の菓子を遺影にお供えになったとのことです。

アルプスに登った羊羹

昭和天皇のご兄弟（直宮）として秩父宮、高松宮、三笠宮の三親王がおられます。当時としては当然ですが、戦前は三宮とも陸、海軍の軍人でしたので、虎屋の菓子については皇室への御用と、軍関係の両方で召し上がっておられたと思います。

まず大正天皇の第二皇子である秩父宮雍仁《やすひと》親王は、「スポーツの宮様」としても有名で、自ら登山、スキーなどをなさったほか、ラグビー、陸上などの団体にも関与され、日本のスポーツ振興に大変尽くされました。

中でも特にお好きだったのは登山で、英国留学中はヨーロッパアルプスの山々を登頂され、日本山岳会の名誉会員にもなっておられます。虎屋の羊羹を大変お好みで、登山の際にはよくリュックサックの中にしのばせておられたと聞いています。それに関して面白いエピソードがあります。

話は大正十五年八月三十一日、秩父宮がマッターホルンに登頂された時にさかのぼります。その時に随行したのが後に日本山岳会会長になった松方三郎氏ですが、氏は明治時代の元勲、松方正義公爵の十三男。昭和四十五年の日本登山隊エベレスト初登頂の時の隊長です。

当時虎屋では、外国向けの羊羹は日保ちの関係もあって缶詰になっており、現在の大棹（約二五×六×七センチ、一・五キロ）のサイズだったようです。この羊羹は殿下たちが登山される前に当時のスイス駐在・有吉明公使が殿下に渡されたもので、本数は書いてありませんが、缶の重さも加わってかなりの重量だったと思われます。

水や雨具、登山道具などの必需品に加えて重い缶詰を持って行かれたところに、殿下の羊羹好きがうかがえます。なお松方氏によれば、あれは予め我々の計略だったのです。殿下は何でも一遍は必ず反対なさるからというので「そんなに重いものは置いていらしったらどうです」と誰かがワザと言い出したものなのです。すると案の定、殿下は「なあに平気だよ」と仰っしゃってお背負になったのです。（笑声）そうして頂上に登ってしまうと、皆でその殿下の背負って登られた羊羹をご招伴したわけなのですから、後では皆、殿下に大いに相済まぬことをしたと話し合いました。……（再度笑声）（『御殿場清話』）

この秘話を殿下は笑って聞かれていたようですから、ここにも気さくでスポーツマンの秩父宮殿下の姿を彷彿させるものがあります。

このように体を動かすことが何よりも好きだった秩父宮でしたが、昭和十六年九月から御殿場の別邸で療養生活に入られ、昭和二十八年に薨去されました。後にこの別邸は妃殿下の遺言によって御殿場市へ寄贈され、平成十五（二〇〇三）年四月「秩父宮記念公園」となりました。公園開設に当たって御殿場市から要請があり、虎屋としてはこれまでの秩父宮のご厚誼、そして同市に工場を持つ関係から園内に売場を設けています。

菓子博名誉総裁

大正天皇の第三皇子・高松宮宣仁《のぶひと》親王は、三直宮のなかではただ一人の海軍軍人でした。秩父宮が薨去された後は、天皇の直弟として陛下の補佐役を務められました。スポーツではスキー、ゴルフなどに親しまれ、特にスキーでは「高松宮杯」と銘打った大会が開かれるなど、「スキーの宮様」としても知られました。

海軍におられた関係から、戦時中に虎屋が海軍用に製造した羊羹「海《うみ》の勲《いさおし》」（一一七頁の写真参照）などを愛用されたと聞いています。またお祝い事に、虎屋の菓子をことのほかよくご利用いただいた記録も残っています。

このようなお菓子好きの一面もあり、高松宮には昭和二十九年の第十三回大会から、全国菓子大博覧会の名誉総裁にご就任いただきました。それに付随して名誉総裁賞も新設されました。殿下の名誉総裁は昭和五十九年まで続き、菓子業界の発展のために大いに尽力をいただきました。

この菓子博覧会は、明治四十四年の第一回帝国菓子飴大品評会から始まり、第十回に名称を全国菓子大博覧会と変更。途中戦争による中断はありましたが、全国の菓子屋の熱意により復活して約一世紀にわたって続いています。最近では平成十四年に熊本で第二十四回が開かれ、次回は平成二十年に兵庫県で開催予定です。

三笠宮崇仁《たかひと》親王は、大正天皇の第四皇子。陸軍大学校卒業後、戦中は陸軍軍人として過ごされましたが、戦後は東京大学文学部史学科の研究生となり、歴史、特にオリエント史を学ばれました。その後、東京女子大学の講師として教壇にも立たれ、大学へは電車で通い、昼食は学生食堂できつねうどんなどを学生と一緒に召し上がられて話題になりました。ちなみにこのうどんは「宮様うどん」と呼ばれるようになったとのことです。

平成二年四月虎屋が開催した「歴史上の人物と和菓子展」にも突然来訪され、気さくに展覧会をご覧いただきました。平成元年の第二十一回大会から現在まで、全国菓子大博覧会の名誉総裁をお願いしている寛仁《ともひと》親王は殿下のご長男であります。

ひげの殿下として親しまれている寛仁親王は、弟の小学校からの同級生でもあり、私ともお互いに言いにくいことも話せるお付き合いをさせていただいております。母の葬儀の折に弔辞をいただきましたが、親しく母に語りかけられたお言葉に在りし日の母を偲ぶことが出来ました。

元旦のご挨拶まわり

以上で安土桃山時代の後陽成天皇から始まって、虎屋の御所御用に関わりをいただいた天皇や皇族についての紹介を終わりますが、最後に現在も私どもが行っている元旦の皇居ご挨拶まわりについて、簡単に説明いたします。

元日の午前中、私は役員の代表や、担当部長らと一緒に赤坂の虎屋本社を出発いたします。まず宮内庁庁舎で新年祝賀の記帳を行った後に、賢所にうかがいます。その機会に元旦の神事に関するお話をお聞きすることがあるのですが、雨や雪といった天候にかかわらず、天皇陛下が寒い早朝から神事に臨まれるとのこと、連綿と続く皇室行事の厳粛さに身の引き締まる思いがいたします。

そのあと皇居を退出して、皇太子殿下のお住まいである赤坂御用地内の東宮御所をはじめ各宮家にもおうかがいして記帳をいたします。

一日一日が積み重なって一年、十年、百年そして四百年と御用を続けさせていただいてまいりました。一年のはじめの元旦に皇居を初めとして各宮家にご挨拶させていただくことは、御用に対する思いを再確認させてくれます。

また、御用の継続が伝統の重みとなって現在につながっていることに感謝の気持ちを新たにしています。今後とも日々の御用を誠実に続け、伝統を明日へつなげる努力をしてまいりたいと思っています。

第二章

将軍から財閥へ

青貝細工の井籠の蓋（元禄時代）

虎屋は御所御用菓子屋でしたが、もちろん虎屋の菓子が御所にのみ納められていたわけではありません。

江戸時代には公家や将軍、大名、あるいは京都に住む文化人たち、そして明治以降は財閥や実業家、作家、俳優をはじめ多くの方々に虎屋の菓子を愛していただきました。

ここでは、そうした皇室以外のお客様についてのエピソードをまとめてみました。

寛永文化サロン

元禄文化に先立つ江戸時代初期、後水尾天皇を中心に寛永文化サロンが花開きますが、そこで重要な役割を果たしたのが鳳林承章《ほうりんじょうしょう》（一五九三〜一六六八）という僧侶でした。

彼は相国寺や金閣寺の住職を勤める同時代の代表的な文化人で、勧修寺《かじゆうじ》家という公家のなかでも特に皇室と関係が深かった家柄の出だったことや、叔母が後水尾上皇の祖母に当たる関係もあって、その交流は皇室や公家はもとより千宗旦《そうたん》・金森宗和《かなもりそうわ》などの茶人から、狩野探幽、山本友我らの画家、野々村仁清《にんせい》、粟田口作兵衛らの陶工、あるいは林羅山らの学者に至るまで非常に広範囲に及んでいます。

承章はまた、三十四年間書き続けた『隔蓂記《かくめいき》』という日記を残したことでも知られています。そこには彼の幅広い交流が克明に書かれ、当時の京における貴重な文化史にもなっていますが、その中に虎屋の菓子に関する記述もあります。

それによると、鳳林承章は、贈答や寺院内における行事などで虎屋の菓子をよく使っていました。そして同時に、その菓子を入れる食籠《じきろう》も虎屋のものをよく使用していたようです。

寛永十七（一六四〇）年三月二十九日の日記には、勧修寺経広が東照宮へ派遣された際にその妻への留守見舞として、承章が大饅頭五〇個入りの食籠を贈った旨の記述がありますが、饅頭を入れた食籠は「於虎屋、借也」とあり、虎屋から借りた旨が記されています。

また、万治三（一六六〇）年正月四日にも、「菓子屋虎屋ニ而内々申付」とあり、正月の懺法《せんぼう》（罪を懺悔《さんげ》する法要）に出す菓子を、虎屋に申し付けた旨が書かれています。そして、その時の食籠は青貝細工（螺鈿《らでん》作り）の三重の豪華なものだったとあり、これも虎屋のものです。食籠は現在では茶席で菓子器として多く使われますが、ここでは虎屋で井籠と呼んでいる菓子運搬用の重箱のことかと思われます。

食籠と井籠

菓子を入れて運ぶためのお通箱《かよいばこ》には「外居《ほかい》（行器）」などの呼称がありますが、虎屋では一貫して「井籠」という言葉を使っています。本来、饅頭を蒸す蒸籠が温かい物を早く届けることを狙いとして運搬の具にも使われたため、同じ呼称になったかと思われます。小判形や角形の重箱形式のものが数多く作られていますが、その意匠は菓子屋によって異なり、虎屋には青貝や蒔絵で虎を表現した豪華な井籠もたくさん残されています。

虎屋には、底板に延宝二（一六七四）年と記された井籠外箱があり、遅くとも延宝年間には井籠が作られていたことがわかります。さらに古帳簿では、元禄五（一六九二）

年に「せいろう弐組　仙洞御所様ニテかんちゆうなこん《菅中納言》様」と書いたものもあります。これらが井籠で菓子を納めた最も古い記録です。

虎屋に現存する井籠の多くは、江戸時代の中で最も華やかといわれた元禄年間に制作されたものですが、元禄という時代精神を反映した青貝の細工が、特に優れていることにもよると思います。当時京都は平安以来の文化の中心であり、学者や文人が数多く住んでいました。手工芸の面でも多くの優秀な職人が存在し、木地師、塗師、蒔絵師、青貝師などの分業で、青貝井籠がかなり作られました。

また元禄年間の後、安永年間にも虎屋では一度に三十組、五十組などかなりの個数の井籠外箱が作られており、管理番号として三百番台の表記もあります。

井籠の使用は明治中頃まで続きますが、大正から昭和にかけては白木材や杉材の被蓋式の木箱にとって代わりました。これらは実用本位で、装飾もない質素なものが多く、かつての豪華さはなくなりました。

注文を辞して褒められる

和菓子の発展は、茶の湯との関係抜きには語れません。千利休の死後、江戸時代前期から中期にかけては大名茶、宮廷茶など、頻繁に茶会が開かれるようになりました。

その宮廷茶の中心人物となったのが近衛家熙《いえひろ》（一六六七～一七三六）でした。五摂家の筆頭・近衛家の当主で、母は後水尾天皇の皇女常子内親王。関白、摂政や太政大臣を歴任したほか、学問を好み、書画、詩歌などにも優れて一流の茶人としても知られた人です。

侍医・山科道安《やましなどうあん》が家熙の言行を日録的に記述した『槐記《かいき》』には、有職故実《ゆうそくこじつ》、歌学、書道、絵画、医術、管弦、花道、茶道など、あらゆる分野に家熙の博学多才が写しだされています。なかでも茶の湯に関しては八十八回に及ぶ詳細な茶会記のほか、茶の湯精神の根本から道具の扱い、席中の所作に至るまでこまごまと書かれており、茶の湯の伝書として現在でも高く評価されています。

その『槐記』の中に虎屋が登場しています。享保十六（一七三一）年十月のある日、家熙は嵯峨野を訪れますが、その際、翌朝使う栗粉餅《くりこもち》を亀屋と虎屋に注文し、その晩のうちに納めるよう家人を通じて命じました。ところが両店とも、前夜に届ければおいしく食べられないという理由からか、注文を受けられない旨を申し上げて辞退しました。

それならばと家人が、栗の粉は別の重に入れ、餅とは別にして届けるよう指示を変えますと、餅だけが夜半過ぎに届けられました。恐らく、翌朝になって亀屋と虎屋の職人が栗の粉を別に持参し、栗粉餅の最終仕上げをして召し上がっていただいたものと思われますが、この件について筆者は、「(亀屋、虎屋は) さすがの者である。商売の習慣で普通なんとでも偽って届けるものだが、こうした仕儀はよくよくのこと。細かなことであるが、褒められるべきことである」旨書いています。

両店の良心的な仕儀に感じ入った家煕の気持ちを、山科道安が記したのではないかと思われますが、「おいしいものをできる限りおいしい状態で召し上がっていただこう」と常に心掛けている私どもには、二百七十年も前に既に先人たちがこのような気持ちで仕事をしていたのかと思うと、とても心が爽やかになります。

なお、この栗粉餅ですが、江戸時代はゆでた栗を粉にして餅にまぶしたような菓子だったと考えられます。現在でも中津川 (岐阜) の名物に同じタイプのものがあります。

現在の虎屋の栗粉餅は新栗の季節に出る限定品で、白玉粉と砂糖で作った求肥《ぎゅうひ》で御膳餡（こし餡）を包み、栗餡のそぼろを付けたものです。

近衛家からは「更衣《こうい》」「岡大夫《おかだゆう》」など六種類の御銘をいただき、命銘書も残っています。なかでも摂政・関白や太政大臣を歴任された近衛家二十四代近衛内前《うちさき》は、虎屋に特にゆかりの深い方で、宝暦十二（一七六二）年には「蓬《よも》が嶋《しま》」の御銘を頂戴しています。この菓子は大きな饅頭のなかに小饅頭が入ったもので、「子持饅頭」とも呼ばれ現在も慶事によくお使いいただいています。

茶人たちのご贔屓

江戸時代前期は、千家流の侘び茶より、遠州流や石州流（片桐石州）など華やかな大名茶が流行した時代でした。宮中の茶の湯も金森宗和に代表されるように雅なものが主流だったのです。

その一つ遠州流は、小堀遠州が三代将軍徳川家光（一六二三〜五一在職）の茶道指南となったことから武家社会に浸透した流儀ですが、その遠州流の茶人で多くの茶書を残した遠藤元閑《げんかん》の著書に『茶湯評林《ちゃのゆひょうりん》』（一六九七）があります。

彼はその中で、茶の湯に関わる道具師や店を紹介していますが、「御茶菓子」の項目では「京一条通烏丸西へ入町　虎屋近江」と、私どもの名前だけを書いています。もちろん遠藤元閑の個人的な好みもあるでしょうが、高名な茶人に虎屋が一応の評価を受けていたことは確かです。

外郎餅《ういろうもち》や羊羹あるいは棹菓子は「五日あるいは十日かかって遠いところへ行っても悪くならない」良い茶菓子とされています。現在のように冷蔵庫もなく、包装や保存技術の未熟な当時としては、日保ちは茶菓子にとって重要な要素だったのでしょう。このほか干菓子として「紅梅餡」「藤袴」ほか一〇種類の干菓子の名が挙げられています。

当時、茶の湯は公家、武家だけでなく上層町人の間にも広がっていました。虎屋の御用記録に見られる人物のなかで、前述の『槐記』の記述と共通している茶人の名を挙げると小笠原長重（京都所司代）、平野屋孫ヱ門（大坂両替商、平野屋五兵衛の身内と思われる）、鴻池道億《こうのいけどうおく》（大坂の豪商）、木下道正庵《どうしょうあん》（京都、古くより薬舗として知られる）となります。

このうち鴻池道億は、家業のかたわら茶の湯を楽しみ、町人茶人の高峰といわれた人物でした。茶道における目利きを重視するとともに道具類の鑑定に長じており、「大黒《おおぐろ》」「太郎坊」「東陽坊《とうようぼう》」など自ら収集した名器も多く、その目録は「鴻池家道具帳」として知られています。近衛家熙など堂上貴族との親交もあり、千家茶道との交友も深かったといわれます。

このように見てきますと、虎屋の菓子は茶の湯でも公家や文人を中心としたグループ、あるいは上層町人も含めたいわゆる茶人にも広く利用されていたようです。

熊本・細川家の京菓子

江戸時代、虎屋になじみが深い大名の一人に熊本藩三代藩主・細川綱利（一六四三～一七一四）がいました。細川家は、室町時代からの古い大名です。織田信長、豊臣秀吉に仕えた細川藤孝（幽斎）・忠興（三斎）父子は茶の湯でも有名ですが、加藤清正の没後、細川忠興の息子・忠利が肥後に入って加藤家旧領を受け継ぎ、初代熊本藩主となりました。

以来細川家は熊本藩五十四万石を支配し、外様雄藩の藩主として明治維新に至るわけですが、維新後、華族となり当主護久は侯爵に叙せられるという歴史をたどります。熊本県知事から中央政界に転じ、平成五（一九九三）年に内閣総理大臣になった細川護熙氏もその直系になります。

この細川家は忠興が千利休の高弟で、「利休七哲」の一人に数えられるほどでした。一族は伝統的に茶の湯に親しみ、菓子にも興味が深かったようです。

三代藩主細川綱利は、ことのほか京都の菓子を好んだようで、それがこうじて寛文十一（一六七一）年には熊本城中の御台所脇に菓子の製造所を新築しています。

その際、綱利は虎屋から庄野市郎右衛門という職人を呼び寄せ、藩の御用菓子屋であった扇子屋（浜田七蔵）に「京都御菓子」の製法を伝授させていることが熊本藩の記録に残っています（永青文庫所蔵「町在」）。原材料や道具類は藩から支給され、作った菓子は毎日綱利に納められました。指導は三ヶ月近く行われ、庄野は京都へ戻りましたが、扇子屋は綱利の御意に叶い、褒美の銀や紋付や袴などを頂戴したそうです。

なお、この時代の熊本藩は既に財政悪化が見られますが、綱利はその中で水前寺の成《じょう》趣園《じゆえん》を築庭したり、参勤用船・波奈之丸《なみなしまる》の造り替えを二回も行っています。また彼は、元禄十五年十二月、吉良上野介を討った大石内蔵助以下一七人がお預けとなり、翌十六年二月、熊本藩白金邸で切腹した時の藩主で、浪士達を厚くもてなしたことでも有名です。

京菓子が地方に伝播していく形としては、京菓子屋が各地に進出していくのが一般的で、このように職人を直接呼んで伝授させる例はほかに見つかっていません。実に珍しい例ということができましょう。いずれにしても、和菓子の大成期に虎屋も「京菓子」の全国伝播にそれなりの役割を果たしたといえると思います。

西日本に領地を持つ大名の多くは、参勤交代で国元と江戸を往復する途中に京都を通ります。なかには、旅の楽しみとして菓子を注文する大名もいました。虎屋の古文書には細川家の御用記録もしばしばみられます。

大名の中でも贔屓にして頂いたのが阿波徳島藩主蜂須賀綱矩《つなのり》（一六六一～一七三〇）。一度の注文が虎屋の月間売り上げの四分の一にも上ることがありました。参勤交代の途次、船で大坂に上陸、伏見に宿泊して翌日は大津に泊まる。そのような旅程のなかで、宿泊先へ「道中之御用」などとして大量の菓子を届けさせており、宿泊先の本陣などへの土産のほか、本人やお供も食べていたのではないかと思われます。

また、伊予大洲《おおず》藩主加藤泰恒は、元禄九年、江戸から国元へ帰る途中伏見に泊まっていますが、この時、妙法院門跡から錫製の高坏《たかつき》五個に載せた「有平糖」「浅路飴」「月羹」「椿餅」「立田餅」が届けられています。この菓子も虎屋からのものと思われます。

当時の大名は、茶の湯や季節の行事あるいは日常の暮らしのなかで、現在私たちが考える以上に菓子に親しんでいました。大名や家臣が、今までにない洗練された京都の菓子の味を知り、自らの国元や江戸の屋敷でもぜひその美味しい菓子を味わいたいと願ったことは想像に難くないでしょう。

黄門さまの巨大饅頭

水戸黄門として名高い徳川光圀（一六二八～一七〇〇）は、徳川家康の十一男頼房の三男で、常陸国水戸藩第二代藩主です。

若い頃は血気にはやった行いも多かったようですが、十八歳のころに『史記』を読んで感動、以後学問を志し後に名君とまでいわれるようになりました。藩主時代はもちろん、藩主を辞した後も七十三歳で没するまでの約十年間は領内の巡視、『大日本史』編纂の促進などで文化事業に力を尽くし、さらに社寺改革その他、藩政にも大きく貢献した人でした。

光圀は、いちじくや東南アジアの柑橘類など珍しい果物を栽培したり、蕎麦やうどんを自ら打ち、ラーメンを賞味したという食通としての一面もあったといわれています。虎屋の菓子もお好みだったようで、貞享五（一六八八）年五月二十八日に霊元上皇が能を催された折、虎屋を通じて大饅頭一〇〇個を献上した記録が残っています。

また、元禄十三年四月十三日には、歌人として知られる友人の公家・中院《なかのいん》通茂《みちしげ》の七十歳の祝いに饅頭を一〇〇個も贈っています。光圀からは饅頭の上に紅で「ふく（福）寿」と書くように指示があり、皮二七匁、餡四三匁で合計が七〇匁（二六〇グラム）になるようにとの配慮もされていました。これは現在の虎屋標準の饅頭の約五倍の重さで、当時としてもかなり大きな部類に入りますが、通茂の年齢にちなんだものでした。

この時の使者は、光圀に仕え通茂に和歌を学んだ国学者・安藤為章《ためあきら》で、彼の著書『年《ねん》山紀聞《ざんきぶん》』（一七〇二）にある「寿桃百顆《か》大きなる饅頭に紅をもておのおの寿の字を書きたり」という記述は、虎屋の記録とほぼ一致します。なお、饅頭とともに、長いろうそく、長い素麵、外国産の長い線香も贈られたそうです。

吉良上野介とカステラ

吉良上野介義央《よしなか》（一六四一〜一七〇二）は「忠臣蔵」では赤穂浪士に仇を討たれた悪役の印象が強い人物ですが、知行地の三河国幡豆《はず》郡吉良地方では名君として尊敬を集めていたとも伝えられ、その評価は分かれています。

足利氏の一族で、高家《こうけ》として幕府の命を受けて朝廷関係の儀式典礼を司るのが仕事でした。京都、日光、伊勢へ使者として赴いたり、勅使の公家衆接待などを務めることが多かったといいます。この高家は室町時代以来の名族の子孫が世襲しており、禄高は少ないものの官位は大名とほぼ同じ扱いを受けていました。

仕事柄、吉良は何度も京都を訪れていますが、朝廷の待遇は丁重だったようです。討ち入りの五年前にあたる元禄十年一月二十八日に、幕府の使者として上洛した際には、伏見宮邦永親王の注文で、「カステイラ」「見肥《けんぴ》」（小麦粉と砂糖を合わせた生地を棒状に切って焼いた菓子）、「砂糖榧」（榧の実に砂糖の衣をかけたもの）、「落雁」「こぼれ梅」（干菓子）の五種類を箱詰めにしたものが、虎屋から吉良の元に届けられています。『和漢三才図会《わかんさんさいずえ》』（一七一二序）によりますと、カステラは当時日本がイスパニヤと呼んでいたスペインで製法が考案されたもので、イスパニヤの異名カスティリアをとって、加須底羅《かすていら》という名になったという記述があります。同書によると当時の製法は小麦粉一升、白砂糖二斤、鶏卵八個をまぜ、銅鍋に入れて炭火で焼くというものです。現在とは味も風味も違っていたようです。

製法にはいろいろ変化もあったようで、別の文献によれば、卵一個に砂糖一〇匁の割合でこねたところに、小麦粉を加えて生地を作る。鍋にゴマ油を引いた美濃紙を敷いてその生地を入れ、さらにその上に同様の油紙を乗せ、火にかけると同時に、熱した「火のし」で上からも焼くとあります。上下を裏返してまんべんなく焼き、焼きむらがあった場合はもう一度鍋で焼くとか（『料理塩梅集』地の部、十七世紀後半成立）。

また、最初の菓子製法書刊本『古今名物御前菓子秘伝抄《ここんめいぶつごぜんかしひでんしょう》』（一七一八）では、銅の平鍋に紙を敷いて生地を入れ、この平鍋をさらに大きな鍋に入れて、金属の蓋をして上下に火を置くとあります。当時の日本にはオーブンは無く、後に上下から炭で加熱する引釜などが考案されています。こうした釜は昭和三十年代ころまで、各地の菓子屋で使われていたとのことです。

光琳の美意識

元禄時代の代表的な芸術家の一人として、尾形光琳（一六五八～一七一六）を挙げることができます。本阿弥光悦、俵屋宗達を慕って装飾画に新しい画風を開き、後に酒井抱一《ほういつ》へとつながる「琳派」の中心となった画家・工芸家です。江戸時代の二大流派であった武家絵画中心の狩野派・土佐派とは異なり、雅のなかにも町人文化の活気や自由を感じさせる画風でした。

本阿弥光悦の姉を曾祖母として京都の御用呉服商に生まれた光琳は、芸術的な雰囲気の中で育ったこともあり、優れた造形感覚に恵まれて絵画、意匠の両分野で活躍しました。絵画の代表作には「燕子花《かきつばた》図屛風」「紅白梅図屛風」などがありますが、それ以外にも漆器、染織、陶器などの工芸品にも意匠を施し、その洗練されたデザインは「光琳模様」「光琳意匠」として現代に至るまで広く愛されています。

その尾形光琳が、宝永七（一七一〇）年五月二十一日、後援者であった京都の銀座（幕府の銀貨鋳造所）役人中村内蔵助に、虎屋の菓子を贈った記録が残っています。注文記録によると、

人参糖（五五〇匁）、友千鳥（五棹）、千鳥（四〇〇匁）、色木《いろこ》の実《み》（一五〇）、花かいどう（三八〇匁）　杉二重物一組

井出玉川（五〇〇匁）、氷雪焼（三〇〇枚）、千代見草（五五〇匁）、松風（二〇〇匁）、源氏榧（六〇〇匁）　杉二重物一組

とありますが、菓銘からは元禄期の華やかさがうかがわれ、色、形などの意匠からも、光琳の美意識を読み取ることができそうです。

また、この中村内蔵助が務める銀座会所からも、時々菓子の注文をいただいていまし

た。虎屋に残る「毎月売高留」によりますと、元禄十三年二月には「ぎんざくわいしょ《銀座会所》こんぺいとう《金平糖》　一七〇斤」とあり、以下、十五年三月に一五〇斤、十六年三月に一四〇斤、十七年三月に一五一斤……といった具合で、年に一度大量に金平糖を納入しています。

一斤は六〇〇グラムですから、一度に八〇キロから一〇〇キロの注文があったということになります。このような大量の金平糖がどのように使われたのか。来客用か、貨幣を造る職人に与えていたのか、それとも会所の役人たちが食べていたのかわかりませんが、かなりの量であることは確かです。

将軍と菓子

江戸幕府の公式記録である『徳川実紀』には、将軍がしばしば家臣に菓子を下げ渡したり、大名から菓子を献上されている様子が記されています。将軍家が用いた菓子は、御用菓子屋の金沢丹後の絵図などから、華やかで凝った意匠のものも含まれていたことがうかがえます。

虎屋は江戸時代、主として京都で宮中の御用を勤めた関係から、幕府や将軍家から直接御用を承った記録は幕末に確認できる程度ですが、宮中や公家が江戸幕府へ贈るために注文した菓子の記録はいくつか残っています。その種類を見てみますと、やはり京都から江戸まで運ぶ関係で、干菓子が多かったようです。

例えば、生類憐みの令で有名な五代将軍綱吉（一六八〇～一七〇九在職）の治世中、虎屋の「諸方御用之留」の元禄十年十月十六日の条には、江戸城本丸に納められた菓子が記されています。おそらく朝廷から将軍に贈られたものでしょう。二重の桐箱に詰められていますが、当時の京から江戸までの日程を考慮したものか、七種類すべてが金平糖や飴などの日保ちのする干菓子でした。

藤袴・遅桜・南蛮飴（南蛮伝来の飴菓子か）
金平糖
源氏榧（榧の実の砂糖掛け。紅白の二色）
浅路飴（白胡麻をまぶした求肥）

南京飴（青黄粉《あおきなこ》をまぶした求肥）

八代将軍吉宗（一七一六～四五在職）の時代にも、虎屋の「諸方御誂物《おあつらえもの》寸法帳」によると寛保二（一七四二）年二月八日に、「水の葉」「吉野川」（どちらも有平糖）などのさまざまな干菓子が三重の桐箱に入れられて江戸へ進上されたことや、洲浜《すはま》（大豆の粉を飴で練り固めた菓子）二〇棹が毎年贈られていた旨が記されています。

吉宗には餅にまつわるエピソードが二つあります。一つは安倍川餅。南町奉行を勤めた根岸鎮衛《やすもり》の随筆『耳嚢《みみぶくろ》』によりますと、吉宗は紀州藩主時代に参勤交代で行き来しているうちに安倍川餅が大の好物となりました。そして将軍となった後も駿河に領地を持つ家臣・古郡孫太夫が、毎年富士川の雪水で育った駿河のもち米を取り寄せ、それで安倍川餅を作って献上していたそうです。食生活の贅沢を戒め、一日二食、一汁三菜を守った吉宗ですが、特別製の安倍川餅にはやはり目がなかったようです。

現在も江戸の名菓として知られる、向島長命寺の桜餅も吉宗に縁がありました。幕府中興の英主として知られる吉宗は、江戸の庶民生活に潤いを与える政策も実施、飛鳥山や御殿山に桜を植樹して庶民の憩う公園も作っています。浅草から向島界隈の隅田川堤は現在、桜の名所として有名ですが、これも享保二年、吉宗が向島を訪れた際、あまりにも景色が寂しいので川の堤に桜の木を植えさせたものです。

やがて、この桜を見に大勢の人が訪れるようになったので餅や団子も売られるようになりました。その後、塩漬けにした桜の葉で餅を挟んだお菓子も考案されました。これが後に名物となる桜餅の始まりです。

和宮の陣中見舞い

幕末、日本の運命はここで大きく変わります。徳川幕府の終焉にかかわった二人の将軍とも、虎屋はご縁がありました。

十四代将軍徳川家茂（一八五八〜六六在職）は紀州藩主徳川斉順《なりゆき》の子で、はじめ慶福《よしとみ》と名乗りました。十三代将軍家定《いえさだ》の継嗣問題で一橋慶喜に対抗する候補とされ、日米修好通商条約締結問題とも絡んだ激しい政争の渦に巻き込まれます。

結局、慶福を推す井伊直弼《なおすけ》が大老に就任したのち継嗣に決まり、家茂と名を改め将軍職を継いだのでした。その時まだ十三歳でした。こうした政争の中で低下した幕府の権力回復のため、文久二（一八六二）年に将軍家茂は孝明天皇の妹・和宮との婚姻に至りました。

その後、慶喜を将軍後見職とし、松平慶永《よしなが》（春岳《しゅんがく》）を政事総裁職に任命して政務にあたりましたが、その温厚な人柄により幕臣からの信頼も厚かったといわれます。

しかし朝廷の権威が回復するにつれて、政治の中心は江戸から次第に京都に移り、尊王攘夷派の力が朝廷内でも増していました。徳川家茂は慣例を破り自ら上洛、さらに諸大名の多くも家臣を伴って入京しており、京都は急激な人口増加をみました。こうした状況が虎屋の御用を増やすことにつながり、幕末の虎屋の売り上げも増大へと向かうことになります。

既に紹介した皇女和宮の月見の三年後、家茂が孝明天皇と対面するため上洛した折にも、虎屋は菓子の御用を承っています。

文久三年三月四日、家茂は陸路大津を経て京都二条城に入りました。将軍の上洛は三代将軍家光以来二百二十九年ぶりのことで、京は大変な騒ぎだったと伝えられています。

入城の約二時間後、二条城の賄方から召し出された十二代店主黒川光正は、銀一貫五〇〇匁の前払いを受け、家茂在京中の御用を命じられました。

それから三日後に参内した家茂には宮中から、「長月」（市松模様入りの羊羹）、「遅桜」（紅白の桜模様の羊羹）、「名取草《なとりぐさ》」（牡丹の形の菓子）、「新千代の蔭」（根引き松の焼印を押した饅頭）、「紫野」（紫色のきんとん）の五種の菓子が贈られたとの記録も残っています。

また、家茂も扇面形の三重の箱に、「夜の梅」（小倉羊羹）、「新八重錦」（紅葉模様の羊羹）、「宮城野」（餡のそぼろに小豆粒を混ぜた棹菓子）、「延年《えんねん》」（菊の形の菓子）、「春《はる》気色《げしき》」（紅色と緑色の染め分けのきんとん）、「御紋饅」（家紋の焼印を押した饅頭。どの紋を用いたかは不明）、「紅小倉野」（餡玉のまわりに小豆をつけた菓子）などを入れて宮中に献上しました。

以後、将軍から天皇や宮家に贈られる菓子は虎屋のものが使われており、御用は十五代徳川慶喜の代にも受け継がれました。

家茂は、元治元（一八六四）年一月再び上洛の後、大坂に赴きます。『続徳川実紀』

によればこの時期、大坂枚方《ひらかた》の名物「くらわんか餅」を食べたり、土用の入りには暑中を気遣って家臣に「水仙切」（葛切のことと思われる）を下賜するなどしています。

第二次幕府・長州戦争に出陣中の慶応二（一八六六）年七月十五日、大坂城で病に臥せる家茂に懐中善哉《ぜんざい》が献上されたのは、滋養をつけてもらおうという家臣の気遣いであったでしょう。それから五日後、家茂は二十一歳の若さで没しました。

なお家茂と和宮の仲は睦まじかったと伝えられています。慶応二年、大坂にいた家茂に江戸の和宮から「福聚香《ふくじゅこう》」「吉野山落雁」「カステラ」などが届き、同じ日に十三代将軍家定の御台所天璋院《てんしょういん》からも煉羊羹が届いています。翌日、家茂が煉羊羹を家来に下げ渡したと書いてありますが、和宮からのものについては何の記述もありません。家茂が一人でこっそり食べたのかもしれません。

同書には、他の将軍に比べて家茂の菓子に関する記述が多く、家茂の菓子好きを想像させます。

最後の将軍のご注文

徳川慶喜（一八六六〜六七在職）は、ご承知のように江戸幕府最後の将軍です。水戸藩主徳川斉昭《なりあき》（烈公）の七男でしたが、一橋家を相続し名を慶喜と改めました。将軍継嗣問題で家茂に敗れましたが、井伊直弼が桜田門外で暗殺されたのち、幕府の宥和方針によって謹慎を解かれ、やがて将軍後見職にも任ぜられました。

その後家茂の死去により第十五代将軍となり、フランスと結んで洋式軍政改革を行い、幕府の制度も改革して成果を挙げましたが、幕府の衰退を回復するまでには至らず、慶応三年十月十四日についに大政を奉還しました。

明治元（一八六八）年には水戸から駿府へ移り、以後三十年静岡に住んで趣味一途に生きた人でした。三十年には東京に戻り、三十一年初めて、かつては将軍の居城であった江戸城・皇居に参内しています。

大正二（一九一三）年、七十七歳で没した慶喜の注文記録は、明治四十年以前のものは残っていません。慶喜が明治の大半を駿府で過ごしたこと、そして明治三十五年、公爵に叙せられるまでは宗家（徳川家達《いえさと》）の家族（隠居）的な扱いを受けていたということともあるかもしれません。明治四十一年十一月十二日、慶喜は虎屋に対して次の注文を出しています。

出汐（月の出の図柄）
若紫
寒紅梅（梅を象《かたど》った菓子）

五つ盛り　八寸蝶《ちょう》足《あし》縁高入　十八人前

「八寸蝶足縁高」は、蝶が羽を広げたような形の足がついた縁高という菓子器のことです。また、五つ盛りとは、菓子を折などに五個詰め合わせたもので、三つ盛りなどと同じように、慶弔時の引菓子として使われます。慶事の菓子は華やかな意匠に加え、大ぶりで人目を引くためかつては大変人気がありました。なお、この時には「高峯羹」「新千代の蔭」「八重梅」の三つ盛りのご注文もありました。

慶喜がどのような場でこの菓子を使ったかはさだかではありませんが、大切な祝いごとがあったと想像されます。

渋沢家三代

明治維新を迎え、新政府は近代産業の育成に力を入れ、日本には西洋の新しい文化や生活洋式が導入されました。明治の実業界で活躍した一人に渋沢栄一(一八四〇〜一九三一)がいます。

栄一は、現在の埼玉県深谷市の豪農の生まれで、若くして一橋慶喜に仕え、慶応三年にはヨーロッパに渡り、近代技術や経済制度などを学びました。維新後は大蔵省に入り、退官後は民間にあって多くの近代的企業の創立と発展に尽力し、指導的な役割を果たした人物でした。

彼は明治六年に日本初の銀行である第一国立銀行(現みずほ銀行)を創設、初代頭取に就任しています。また、現在の東京海上日動火災保険、東京ガス、日本経済新聞社、王子製紙、新日本製鐵、サッポロビール、帝国ホテルの設立や経営に関わり、さらに東京商工会議所、東京証券取引所を設立しました。そのことから彼は日本資本主義の育ての親ともいわれます。

このほか栄一は結核予防会、日本赤十字社、聖路加国際病院などの社会福祉事業や医療事業、一橋大学、日本女子大学、東京女学館の設立など教育事業にも関わっています。

このように栄一は多くの事業に関わりましたが、いわゆる財閥と違って、営利追求や財を築くことを最大の目的とはしませんでした。渋沢一族が「財なき財閥」と呼ばれる理由です。

その渋沢家と虎屋との関わりについては、『渋沢家三代』（佐野眞一）に出てきます。明治三十七年、肺炎をこじらせ一時危篤になった栄一に、明治天皇は見舞いの菓子折を贈られました。見舞いに行った孫の敬三（後の日銀総裁・大蔵大臣）の回想によりますと、四角い寒天のなかに羊羹で作られた金魚が二匹浮かんでおり、栄一はその菓子を実にうれしそうに敬三に渡したということです。敬三は子供心にもその菓子を美しく感じ、のちのちまで鮮明に覚えていたと書かれています。

寒天を使った透明な菓子を虎屋では琥珀製と呼んでいます。虎屋が作る琥珀製で金魚が泳いでいる菓子はいくつかありますが、残念ながら明治天皇が栄一に贈られた菓子を特定することはできません。現在では一匹の金魚が四角い琥珀の中を泳ぐ「若葉蔭」を夏に販売しています。

また、後に不運にも廃嫡の運命をたどる渋沢宗家の嫡男・篤二（敬三の実父）も、渋沢倉庫の会長時代には全社員を集めてよくパーティーを開き、「帰りには宮内庁御用達の虎屋の特別誂えの和菓子を、必ず土産にもたせた」とあり、やはり虎屋をご愛顧いただいていたことがわかります。

虎屋には渋沢家からの注文記録も残されています。明治四十四年には一月から十月にかけて十八回、また大正二年には二月から十月までの九回にわたって注文をいただいており、「夜の梅」「塩の山」「羊羹粽」などを届けています。なかには「餡無し」と指定された「椿餅」などもありました。

財閥と御前菓子

この頃になると虎屋のお得意様も、従来の御所や旧公家ばかりでなく、伊藤博文、大隈重信、松方正義ら明治の元勲、あるいは鍋島家、島津家ほかの旧藩主にも広がり、さらに第二次世界大戦前の日本経済をリードした三井家、岩崎家、大倉家ら財閥関係などからも注文をいただいております。

ここでそれ以外の明治四十年から四十五年の主なお客様を「大福帳」で拾ってみますと、官吏・政治家では高橋是清《これきよ》、前島密《ひそか》、榎本武揚、実業家では森村市左衛門、軍人では樺山資紀《すけのり》、山縣有朋、寺内正毅《まさたけ》などの名前が見られます。

大正時代に入るとレモン入りの「水仙粽」やバナナ形の生菓子など、それまでには見られなかったような新しい種類の菓子が登場するようになりました。これには当時の財閥から、折々に菓子の注文が大量に入り、求められる商品の幅が広がったことも影響していると思われます。

御前菓子「花競」

その一方で「御前菓子《おまえがし》」もよく使われるようになりました。御前菓子とは主に特大型（約二五〇グラム以上）の押物類の菓子のことで、桜、菊、牡丹などの色や形を精緻にうつした華やかなものが多くあります。この呼び名は虎屋独特の表現で、「御前」とは神仏の御前にお供えをさしあげるという意味を含んでつけられたもののようです。

これらは三井家、岩崎家などから、祭祀など諸行事用として頻繁に注文をいただいたものです。生花とともに神仏の前にお供えするもので、見本帳の中からお好みの花鳥の意匠を選んだり、虎屋に型を特注しています。お作りした木型は虎屋でお預かりし、いつでも使えるようにしていました。

虎屋の木型台帳には約八〇種が記載されていますが、現在では慶弔用はもちろん一般に広くご利用いただいており、赤坂店などにも見本として何種類かが展示されています。

主な御前菓子三種を紹介しますと、「翁面《おきなめん》」は四五〇グラムの重さで、格調高い能の演目である「翁」の面を表現しており、長寿の祝いにふさわしい寿《ことほ》ぎの菓子です。「花競《はなくらべ》」は七五〇グラムという大きなもの。不老長寿を象徴する菊、古典詩歌の世界で「花」と称される桜、花の王といわれる牡丹の三つからなる豪華な意匠の菓子です。「花合」「花いくさ」ともよばれ、花を出し合ったり、その花を和歌に詠んだりして優劣を競う平安貴族の遊びを意味しているそうです。

また「熊野《ゆ》桜《やざくら》」は二〇〇グラムという割に小ぶりのもので、『平家物語』に題材を採った能の「熊野」に由来します。熊野という娘が病身の老母を思いながら平宗盛の催す清水寺の花見の宴で舞い、村雨に散りかかる花を見て心を痛ませ、「いかにせん都の春も惜しけれどなれし東の花や散るらん」と歌を詠みます。この歌に心を打たれた宗盛は娘を国に帰したという物語です。満開の桜の花に短冊を配して、その趣を表現しています。

岩崎小弥太夫人のアイディア

三菱財閥は創業者岩崎弥太郎、そして弥太郎死後それを守った弟・弥之助と弥太郎の長男・久弥、さらに事業をより大きく発展させた弥之助の長男・小弥太などがその一族でありますが、なかでも虎屋に関係が深かったのが小弥太（一八七九〜一九四五）でした。

小弥太は大正五年、三菱合資会社の社長に就任。昭和二十（一九四五）年に連合軍から財閥解体指令を受けて社長を退くまで三菱財閥を指導し、鉄鋼、造船、航空機などの重化学工業部門を躍進させました。他面すぐれた文化人でもあり、成蹊学園の創立や東京フィルハーモニー会管弦楽部の設立など、教育・文化事業にも尽力しています。

この小弥太が虎屋の「ゴルフ最中・ホールインワン」誕生に大きく関わっているのです。モダンな雰囲気を持つこの最中は、第二次世界大戦後、日本にゴルフブームがやって来てからの菓子だと思われがちですが、実は大正十五年に発売されました。その誕生秘話を小岩井農牧元社長の赤星平馬氏が、湘南カントリークラブの会報『湘南』に書いておられます。

岩崎家では自邸に宮家、陸海軍将校、外国の賓客などを招き、頻繁に宴会を催していました。ある時三菱各社の幹部を呼んでパーティーを開く際に、孝子夫人は小弥太の親しい友人たちをびっくりさせる趣向はないかと考え、虎屋の店員を呼んでゴルフボールの菓子はできないかと相談したのでした。

パーティーの当日、一同が箱根の岩崎家別邸のゴルフ場でプレーを終えて宴席につくと、箱に入ったゴルフボールが一ダースずつ置いてあります。当時は国産ボールには良いものがなく、外国ボールもめったに手に入らなかった時代でしたので、特注品と思ったお客様たちはよい土産になると大喜びでした。ところが中を開けて手に取ってみると、意外にも菓子だったので大笑いになり、たいへんに会が盛り上がったということです。

しかし、この新しい菓子を作るのはなかなか大変だったようで、十五代店主武雄《たけお》は、昭和九年に名称を「ホールインワン」と変更した際のしおりに次のように書き残しています。

「ゴルフ最中」

私が初めてゴルフ最中を考案しました大正十五年の頃には、私自身が実はゴルフなるものを全然知りませんでした。その年のたしか三月頃、岩崎さんの奥様からボールを一個お貸し下すって、何かお菓子でこしらえてくれとのことでした。「へえこれがゴルフというものの球かい」と皆んなで撫でまわした挙句が早速木型をこしらえて蒸羊羹製と押物との二種をお目にかけましたが、何ぶんボールの線の割り出しがむずかしく、木型をこしらえるにも暇取って、初めてお使いになる予定の日取りには間にあいませんで恐縮しました事を覚えています。第二回目に御用をいただきましたが、何ぶん、一ダースをこしらえますのに一時間では難しい始末で、さすがの店員も随分手間取られますなあとあきれてしまいました。そこで私がふと最中にしたらと考えまして、早速その手筈に致しましたが、これがまたなかなか型ができず、やっと五月の初めいよいよ最中ができることになりました。しかし、何ぶんその頃は虎屋で店売りを始めて数年たったばかりの頃で（それまでは注文にだけ応じての販売）、古い家でそんなハイカラな名前の品を売っていいものかなどの反対が内外に多く出ましたので、箱などはなるべく派手でないように図案致しました。そしてまず岩崎様に何度も御用をいただいた後、発売することにしました。

ゴルフ最中の人気

なお、昭和初期のゴルフ最中の注文を、当時の「掛売明細簿」からいくつか拾ってみますと、

本村町三井様	昭和元年12月28日	ゴルフ	5打《ダース》	3円
梨本宮様	2年2月12日	ゴルフ	5打	3円
高輪岩崎様	2年3月20日	ゴルフ最中	5打	3円
仲町三井様	2年7月30日	ゴルフ最中	5箱	3円
大膳寮	2年8月6日	ゴルフ最中	5箱	3円
高松宮様	2年12月7日	ゴルフ	4箱	2円40銭

などの名前をみることができます。まだゴルフ最中を製作して間もないころですが、早くも三井などの財閥や皇族に届けられています。また、永坂岩崎様より「押物上製ゴルフボール紙包50入4円10銭」のご注文もみられ、最中以外のゴルフボールの菓子も、作られていたことがわかります。

日本で最初にゴルフのトーナメントが始まったのが、明治四十年の第一回日本アマチュアゴルフ選手権（神戸ゴルフ倶楽部）ですが、この頃の参加者はまだ在留の英国人ばかりで、いわば在日英国人ゴルフ選手権のようなものでした。

その後、大正三年に初めて日本人によるゴルフクラブ「東京ゴルフ倶楽部」が駒沢村（現世田谷区）に誕生し、五年の第十回大会から日本人選手がやっとこの日本アマに参加することになります。そして十三年に日本ゴルフ協会（ＪＧＡ）が設立され、昭和二年には第一回日本オープン選手権、六年には第一回日本プロゴルフ選手権を開催するという形で日本にもゴルフが少しずつ浸透していくわけです。

そのような日本のゴルフ黎明期に、虎屋では早くもゴルフ最中が販売されていたというわけです。

この菓子は当初は白だけでしたが、カラーボールが流行した昭和五十七年には紅皮（白餡入）を追加。現在では白（こし餡入）と紅（白餡入）の紅白二個をセットにして中箱に入れて、六個入、十二個入として販売しています。

海外、そして陸海軍へ

関東大震災後の大正十三年頃からは、十五代武雄が丸の内近辺への働きかけに力を入れたこともあり、新たに一般の会社や個人のお得意様も増えてきました。

主な会社名（当時）を挙げますと、凸版印刷、国民新聞社、日本電報通信社、十五銀行、北海道拓殖銀行、第一銀行、第百銀行、さらには文藝春秋社や松坂屋、三越呉服店などがあります。また個人では、大正二年から同十五年までの主要顧客一覧によりますと、官吏・政治家では、加藤高明、西園寺《さいおんじ》公望《きんもち》、牧野伸顕《のぶあき》。実業家では久原《くはら》房之助、歌舞伎では七代目市川中車《ちゆうしや》、五代目中村歌右衛門、五代目中村福助、七代目松本幸四郎といった方々の名前も新たに見られるようになり、お客様の層も広がってまいりました。

そして元号が昭和に変わると、販売地域も広がります。国内は北海道から九州、海外では時代を反映して日本の支配地域であった樺太、台湾、朝鮮、パラオ島（南洋委任統治地域）、関東州（遼東半島の日本の租借地）、中華民国青島《チンタオ》にまで拡大しました。

しかし、昭和十二年に日中戦争が始まり、日本はやがて激動の時代に巻き込まれることになります。戦争が長期化し戦況が不利になると経済統制は厳しさを増し、虎屋も原材料不足に悩まされています。昭和十四年には、砂糖不足のために夜間営業を中止。また、従来交代制だった休日を定休日制にする、営業時間を短くするなどの措置も取られました。軍関係の注文も徐々に目立つようになってきます。

それまでは虎屋のお得意様の帳簿は「皇室（御所）関係」と「一般顧客」の二つだけでしたが、太平洋戦争の始まる同十六年、海軍の監督工場の指定を受けることになり、新しく「軍関係」も加えられるようになりました。帳簿にも古賀峯一《みねいち》、嶋田繁太郎、鈴木貫太郎、米内《よない》光政といった軍人の名前や海軍軍令部や陸軍参謀本部といった軍関係の組織名が新しく登場します。

その頃、祖父・武雄が書いた「陸海軍御用の製品の数は絶対に口外せざること、内（家のこと）に帰って家族の人達にも」という社内掲示が現在も残っており、当時の緊張をしのばせます。

海軍からの注文は、経理局や佐世保・舞鶴など各鎮守府、各地の部隊まで注文が広がるようになりました。しかし、陸軍に関しては監督工場とならず、陸軍航空本部、陸軍病院をはじめ、それぞれ個別に注文を受けていました。なお、京都店でもやはり軍用の菓子を製造し、陸軍は大阪の糧秣廠《りょうまつしょう》、海軍では呉や四日市の施設に納めていました。

海軍の直接管理下に入って以後、工場にはしばしば軍の監督官が訪れるようになりました。その代わり、経済統制下、自由に買うことのできなかった砂糖や穀類などの原材料は優先的に支給され、免税措置も受けることができました。

皇室からの注文に必要な原材料もいただけた虎屋は恵まれた方で、なんとか菓子を作り続けることができました。しかし一般的には菓子屋の状況は厳しいもので、鍋、釜などの金属類はもちろん、ザル、菓子型、のし板なども軍需用に供出させられ、木型は燃料に使われてしまうのです。こうして多くの菓子屋が休廃業に追い込まれたのはとても残念なことでした。

戦時下の茶の湯

昭和二年から十八年までの主要顧客一覧によりますと、軍関係以外では官吏・政治家で小川平吉、木戸幸一、近衛文麿、平沼騏一郎《きいちろう》、実業家で団琢磨《たくま》、藤原銀次郎の方々。さらに久米正雄、近衛秀麿、頭山《とうやま》満、野間清治といった各界の著名人の名を新しく拝見できます。しかし、こうしたお客様の数も戦争が激しくなるにつれて次第に減っていきました。

戦争が激化すると、菓子はあらかじめ決められた数だけしか製造、販売されませんでした。早朝からお客様が店の前にずらりと並ばれるわけですが、買えない人もたくさん出ました。昭和十八年当時、菓子を入手するのがいかに困難だったか、植物学者牧野富太郎博士もエッセイ（『牧野植物随筆』）に書かれています。

友人の好物だった虎屋の菓子を病気見舞いに持っていこうとしたが、手に入らない。店員にいろいろ事情を話してもだめなので、奥に行き主人（十五代武雄）に話してやっと予約が可能になり、後日その菓子を持って見舞いし、友人にたいそう喜ばれた、という話です。

このように甘いものなどほとんど手に入らない時代になると、茶の湯の菓子にも苦労します。

しかし、京都はお茶に非常に関わりが深い街でもあり、さらに幸い日本の都市では唯一戦時の爆撃を免れていた所でもありましたので、戦時中もひっそりと茶の湯は続けられていたようです。

その京都にお住まいで虎屋に縁の深い方に、千家十職《せんけじつしょく》・塗師の中村宗哲氏がいらっしゃいます。千家十職とは、茶道の家元千家が指定した茶道具製作の十家系をいいますが、これには塗師の中村家のほか、楽焼の楽家、釜師の大西家、指物《さしもの》師の駒沢家、金物師の中川家、袋師の土田家、表具師の奥村家、一閑張《いっかんばり》の飛来《ひき》家、柄杓師の黒田家、陶器の永楽家が入ります。

中村家と黒川家とは、京都の家が非常に近いこともあって古くから親交がありました。菩提寺も同じ浄土宗本山金戒光明寺《こんかいこうみょうじ》の塔頭浄源院にありますし、嘉永七（一八五四）年の大火で京都御所が焼失した時には、もらい火によって両家とも類焼の憂き目に遭っています。

十二代目中村宗哲氏は十一代の長女。昭和六十一年に宗哲を襲名され、千家職家として家元へ出仕されています。虎屋では「お菓子と器」といったテーマで講演をお願いしたこともあります。

その十二代目宗哲氏によれば、京都でも戦時中は毎日のお茶の稽古に使う菓子にもこと欠く状態だったそうです。そこでやむを得ず、ふかした芋を木型につめて菓子の代わりに出したという話もうかがいました。

また、戦時中は物資不足で燃料も十分ではなかったようですが、幸いにして近くの虎屋には燃料があり、米を持参すると小豆粥を炊いてくれたとのこと。当時子供だった宗哲氏は、お使いで魔法ビンを抱えて一条の虎屋まで小豆粥を取りに行ったことを覚えているともおっしゃっていました。米を持っていっただけなのに、単にお粥ではなく小豆粥になっていたのは、小豆を入手しやすかった虎屋が小豆を加えて量を増やしたのかもしれません。

いずれにしても、虎屋の菓子をゆっくりと味わえるようになったのは、戦後もしばらくたったあとのこと、と宗哲氏は述懐されています。

各界の食通

現在活躍中の文化人や役者、俳優の中にも、虎屋の菓子をお買い上げいただいたり、赤坂や銀座にある菓寮（喫茶）を使ってくださる方はたくさんいらっしゃいます。また、歌舞伎役者の方々にも虎屋をご贔屓いただいている方は多く、お付き合いは代々続いており、とても全部の方をご紹介できません。市川團十郎丈もそのお一人です。

虎屋は平成十五年から、赤坂店に「虎屋和菓子オートクチュール」というコーナーを開設しました。その方だけの和菓子を提供する、そんな和菓子屋の原点に戻ろうという試みです。大正時代の「御菓子見本帖」や菓子木型、参考図書などがずらりと並び、お客様はこれらを参考にあれこれお気に入りの菓子が頼める仕組みになっています。

市川團十郎丈には、ご子息の新之助丈の市川海老蔵襲名の折にこちらをご利用いただきました。何度も試作を繰り返して出来上がったのが、海老蔵丈の紋、「寿の字海老《じゅじえび》」の饅頭と市川團十郎家の定紋・三升《みます》をデザインした羊羹、そして市川家の替紋の杏葉牡丹《ぎょようぼたん》にちなんだ生菓子の三種でした。牡丹の花びらは職人が一枚一枚丁寧に作り、これら三個の菓子は漆の蒔絵箱に詰められました。また、虎屋がパリに出店している関係で、パリ襲名興行に際しても特別な菓子のご注文をいただいた覚えもあります。

そのほか、作家の中にも時々小説やエッセイなどで虎屋のことを書いて下さる方がおられて、ありがたいことだと思っています。

食通で知られる『鬼平犯科帳』の池波正太郎氏が書かれた『食卓の情景』にも虎屋が登場します。

「菓子」という見出しで、子供の頃の菓子といえば、まず駄菓子屋。ここでよくかりん糖、ゲンコツ飴、イモ羊かん、むし羊かんなどの駄菓子を食べた……、という話を展開した後、次のようにあります。

そのころ、叔父が買ってきた「虎屋」の「夜の梅」という羊羹を、はじめて食べて、そのうまさに、私は眼をむいたことがある。
(これが羊かんなら、いままで、おれが食べていた羊かんは、うどん粉のかたまりみたいなものだ)
と、おもった。

こうまで書いていただければ、まさに菓子屋冥利に尽きるというものでありましょう。

第三章

和菓子が結んだご縁

富岡鉄斎の掛紙「竹に虎」（大正時代）

虎屋にゆかりのある方々は、和菓子の発展や普及に功績のあった方、あるいは公私にわたる交流を通して虎屋の歴史に彩りを添えていただいた方など、多士済々です。ここではそうした歴史上の人物や、虎屋の歴史に縁の深かった人々についてのエピソードを紹介したいと思います。

聖一国師と饅頭伝来

現在、和菓子の代表的なものとして饅頭や羊羹などが挙げられますが、これらはもともと中国で生まれた食べ物で、日本に伝来したのは鎌倉時代のことです。中国に留学した僧侶や、日本を訪れた中国人僧侶などによって伝えられた点心がそれに当たります。一日二食が慣習であった当時、その中間に取る軽い食事のことを点心と呼んでおり、種類も羊羹や饅頭、麵類など多様かつ豊富でした。

羊羹はもともと羊の肉のスープでしたが、これを日本に伝えた僧侶達は肉食を禁じられていたため、小豆や葛などを使って羊の肉に見立てた精進料理として作り、汁と一緒に食べていました。室町時代後期には甘い菓子となりましたが、現在のような煉羊羹ではなく、蒸羊羹でした。ちなみに寒天を使った煉羊羹が生まれたのは、江戸時代も後期になってからと言われています。

饅頭は円爾弁円《えんにべんえん》という日本の僧が伝えたといわれます。円爾は宋に渡って臨済禅を修め、仁治二（一二四一）年帰国。やがて九条道家の知るところとなり上洛し、京都東福寺の開山となった高僧でもありますが、後に花園天皇から「国王の師たるにふさわしい」という意味の国師の称号を日本で最初に与えられ、聖一《しょういち》国師と呼ばれました。

その聖一国師は帰国後京都へ上る前にしばらく博多に滞在したことがありますが、托鉢の途中、茶店で手厚いもてなしを受けた礼として、主人の栗波吉右衛門に宋で学んだ饅頭の製法を

御饅頭所の看板

伝授しました。これが饅頭の始まりといわれます。

この饅頭は酒種を使うことから「酒皮饅頭」あるいは「酒饅頭」といわれ、また茶店の屋号虎屋にちなんで「虎屋饅頭」ともいわれていますが、私どもの虎屋とは直接の関係はありません。

ただ、その時に聖一国師が栗波吉右衛門に書き与えたという「御饅頭所」の看板は、明治まで栗波家に所蔵されていましたが、やがて回り回って昭和十三(一九三八)年に福岡から私どもの虎屋に譲渡されました。現在も毎年六月二日の創立記念日の法要の際、社員の前で経をあげて供養するなどして、大切に保存しています。国師揮毫《きごう》の看板が、七百年以上の歴史をたどってわが社に存在しているということも、何かのご縁でしょうか。

当時の禅宗寺院は幕府の対外交流に深く関わっており、京都東福寺の聖一派はその中でも重要な役割を果たしていました。また国際都市として栄えた博多に聖一国師が建てた承天寺《じょうてんじ》も東福寺の末寺です。宋の商人で博多を拠点として日宋貿易に携わっていた有名な貿易商の謝国明《しゃこくめい》なども承天寺建立の中心になった一人で、国師が宋に渡ったのも彼の船でした。

承天寺では、開祖である聖一国師を羹《かん》・饅《まん》・麺《めん》を日本にもたらした恩人とみなし、現在でも命日には羊羹、饅頭、うどんを供えているとのことです。つまり饅頭ばかりでなく点心全体を伝えた方として尊敬されており、承天寺には製麺業者によって「饂飩蕎麦発祥之地」の石碑も建っています。

西鶴と「虎屋のようかん」

江戸時代前期の作家に井原西鶴がいます。大坂の富裕な町人の家に生まれ、はじめは俳句を作っていましたが天和二（一六八二）年、四十一歳で『好色一代男』を発表して以来、浮世草紙作者に転向。好色物のほか町人物の『日本永代蔵』『世間胸算用』など、元禄文学を代表する多くの作品を残しました。

その西鶴の作品には食べ物に関する記述も多く、羊羹、饅頭など庶民が好んだ菓子の名前が盛んに登場します。その一つが『諸艶大鑑《しょえんおおかがみ》』（別称『好色二代男』）に出てくる京都・島原遊郭での嘉祥《かじょう》喰いの情景で、「今日嘉祥喰いとて、二口屋がまんじゅう、道喜が笹粽、虎屋のようかん、東寺瓜、大宮の初葡萄、粟田口の覆盆子《いちご》、醒井餅《さめがい》、取り混ぜて十六色、（中略）我、人前にして、うまき物を食うも、今二、三年の楽しみ」とあります。

嘉祥喰いとは、簡単に言えば毎年六月十六日に厄除けのために菓子を食べる行事です。その日にここでは饅頭、粽、羊羹といった菓子や、ぶどう、いちごなど十六品の食品が食べられたというのです。

この記述の中に出てくる二口屋は当時、虎屋同様に御所の菓子御用を勤めた二口屋能登のこと。道喜とは粽・餅を御所に納めた川端道喜のことです。「虎屋のようかん」とあるところをみると、元禄時代でもやはり虎屋は羊羹で知られたのでしょうか。

なお、この頃の虎屋の菓子は、民間ではそれほど広く使われていたとは思われませんが、第二章で見たように、当時の注文記録に尾形光琳や豪商・三井家、鴻池家などの名が残っているのをみると、上層町人に利用されていたことは確認できます。

また西鶴作品のうち、菓子資料として注目されるのが『日本永代蔵』に見える金平糖の製法です。長崎の町人が二年余りもかけて、星形でギザギザの金平糖の角の製法を研究し、ついに成功して大もうけする話ですが、そこには南蛮菓子が日本に根付いていくさまがとても興味深く描かれています。

嘉祥から和菓子の日へ

嘉祥は嘉定とも書き、「かじょう」と読みます。起源は平安時代ともいわれますが詳しくはわかりません。

室町時代以降徐々に盛んとなり、江戸時代には朝廷、武家社会でともに最盛期を迎えます。宮中では天皇から公家などへ一升六合の米が下賜され、与えられた者はその米を御所御用菓子屋の虎屋や二口屋で菓子に換えて持ち帰ることになっていました。

また江戸幕府では年中行事の一つとして、この日に将軍から大名・旗本へ菓子を賜る盛大な祝いの儀式を催しました。御三家を除く江戸在府の大名や旗本はすべて江戸城へ登城し将軍から菓子を賜るのですが、五百畳の江戸城の大広間には片木盆《へぎぼん》に載せられた二万個を超える菓子が並べられ、その光景は壮観だったといわれます。

『徳川実紀』によれば、二代将軍秀忠までは将軍自らが最後まで手渡しを続けていたので、数日肩が痛かったとのことです。以後は将軍自らが与えるのは最初だけ、あとは奥へ退出してしまうように変わり、大名・旗本が自分で菓子を取るようになりました。

嘉祥の習慣は明治になって廃れてしまいますが、その後、形を変えて復活します。昭和五十四年からはじまった六月十六日の「和菓子の日」です。

全国和菓子協会が和菓子文化を広めるために制定したものですが、「甘味離れ」が一般に言われていた頃でもあり、なんとか和菓子に対する理解を深めたいという思いが背景にありました。

当時の行事としては、紅白饅頭一万個配布や、千代田区永田町の日枝神社へ饅頭五〇〇〇個ほか菓子の奉納などがありました。現在では日枝神社での献菓式のほか、和菓子教室の開催などが全国各地で行われており、協会加盟の菓子店では店頭におけるくじ引きなども行っています。「わんぱく俳句」という和菓子をテーマにした俳句のコンテストには、毎年全国の小中学生から一万五〇〇〇以上の作品が協会によせられます。また、独自の商品を販売する菓子店もあり、虎屋では江戸時代の宮中にお納めした七種類の「嘉祥菓子」や江戸城で配られた羊羹を模した「嘉祥蒸羊羹」、あるいはおめでたい意匠の生菓子を詰め合わせた「福こばこ」や「嘉祥饅頭」などを販売しています。
今後とも業界をあげて和菓子の日の普及に努めたいと思います。

突然の珍客

虎屋は御所御用を通して、公家との接触も多かったようです。なかでも親しく交流を得たのは勧修寺家でした。

勧修寺家は、醍醐天皇（八九七〜九三〇在位）の外祖父藤原高藤の子、定方が京都山科の勧修寺を氏寺としたのが始まりで、以後その寺名が一門の総称となりました。代々儒道、文筆に優れ、今でいう多くの実務官僚が輩出しました。明治に至って華族に列せられ、伯爵に叙せられた家柄でもあります。

江戸時代中期、虎屋は近江大掾を受領するに当たって、勧修寺家の家臣から提出書類の書き方などの指導を受けていました。

近江大掾について歴史的に説明しますと、奈良時代以降、地方の行政官には国司が都から派遣され、大勢の役人を指揮していました。その位は「守《かみ》」を筆頭に「介《すけ》」「掾《じょう》」

「目《さかん》」の順になっており、近江大掾とは近江国（現滋賀県）の第三位の役人ということになるわけです。

しかし、その後時代とともに国司の権限は縮小され、室町時代以降は名ばかりの存在。掾などの国司には、御所に勤める下級官人や出入りの御用商人あるいは芸能者などが名誉職的に任命されるようになりました。虎屋が頂いたのは江戸時代に入ってからです。ただ、名誉職と言っても誰でもなれるわけではなく、朝廷の正式な手続きを経て、天皇の命令を記した口宣案《くぜんあん》という公式文書が与えられています。

虎屋では明暦三（一六五七）年に三代黒川光成《みつしげ》が近江少掾、五代光冨《みつとみ》はそれを上回る近江大掾を受領していますが、六代房寿《ぼうじゅ》も勧修寺家の力も借りて享保十（一七二五）年に近江大掾を拝任、そのお礼として菓子などを届けたことが記録に残っています。

その時の勧修寺家当主は高顕《たかあき》。後に大納言になった方ですが、その当主夫妻がある夜、突然虎屋を訪れます。日頃から御用や受領を通して十分近しい関係にあったとは考えられますが、それにしてもやはり身分が違います。虎屋の家の者のあわてふためく様と、当時の貴賓客のもてなし方などが、六代房寿の日記に残されているので、現代風に訳して紹介します。

享保十二年七月二十六日、晴天。夜に町内で盆踊りがあり、虎屋からこんにゃく一〇丁を提供した。公家の勧修寺高顕様夫妻が急に虎屋宅へ来られた。酒を持参され、路地から入られた。一郎右衛門と勘兵衛に料理の差配を頼んだ。まず金平糖と有平糖を硯蓋《すずりぶた》に載せて用意し、茶をお出しした。追って蒸し立ての五厘饅頭を一五個お出しした。翌日直接勧修寺家に出向き、家臣の真田外記と三宅采女殿にお礼申し上げて帰った。今回のことはすべて急なことだったので、家内はことのほか取り込んでしまった。二〇匁（約七五グラム）のろうそくを六〇本買って、二〇本使い、四〇本余した。おもてなしは、日暮れから始まって八ツ時（午前二時）に終わった。

恐らくお忍びで来られたのでしょう。公家が一商人の家に突然来訪するなど当時は珍しいことでした。ご夫妻は盆踊りをご覧になったのでしょうか、興味がわきます。

「硯蓋」は食器の名称と考えられます。硯の蓋に食べ物を載せて出す習慣は『源氏物語』にも見られるように古くからあり、それが変化したものでしょう。また、ろうそくについては、江戸時代は祭りなどでは夜遅くまで楽しむ習慣があり、この日も午前二時までの饗応でかなりの量を使ったのでしょう。

鉄斎の遺産

明治末期から昭和の初めまで京都店の支配人をしていた黒川正弘(十四代光景の弟)は、幕末から大正にかけて活躍した日本画家・富岡鉄斎に大変可愛がられました。

鉄斎は天保七(一八三六)年、京都の生まれです。十五歳から画を学び始め、二十六歳からは長崎に旅し、多くの中国の絵画に接して本格的な修行を始めました。また国学、儒学、仏教も修め、気品の高い文人画を完成させ、南画派の中心的存在ともなりました。奔放な筆づかいと独特の色彩、そして深い学識に裏付けられた画題や画賛が特徴で、八十九歳で没するまで旺盛な創作活動を展開。一万点にものぼる膨大な作品を残しています。

正弘と鉄斎との交友が始まったのは、鉄斎の住居が虎屋京都店のすぐ近く(室町通一条下る東側）にあったため、よく店に立ち寄られたこと、また正弘が趣味で描いていた絵を見てもらったことがきっかけでした。

正弘は鉄斎に師事し槐亭《かいてい》と号しましたが、西園寺公望のもとへ遣いとして出かけた時には「拙者の愛弟子に御座候」とも紹介されています。また大正十一（一九二二）年、鉄斎が画室を改築した際には、正弘は京都店の離れと茶室を仮住居として提供、後には旧画室をそのまま貰い受けて、茶室として店の庭に移築してもいます。

鉄斎はまた菓子について自分でもいろいろ調べたり、菓子に関する書画を虎屋に提供しています。先に紹介した嘉祥の行事についても、土器に盛られた宮中の嘉祥菓子を淡彩で描いた「嘉祥菓子図」が残されています。この絵には画賛として嘉祥の由来なども書かれており、虎屋では「和菓子の日」のパンフレットにも掲載しています。

このようなつながりもあって、虎屋では鉄斎の作品を多数所蔵し、時々依頼されて美術展へも出品しています。また頂いた多くの書状は、貼り交ぜ屏風にして保存していきます。赤坂店に掛けられた額も鉄斎の題字であり、現在、使われている掛紙（「竹に虎」および「羅漢虎上図《らかんこじょうず》」）もその作品であります。

『お菓子たより』の華やかさ

昭和に入ると虎屋では、『お菓子たより』という名のA四判で四～八ページ程度の広報誌を発行します。これは昭和十三年十月に創刊され、毎月一回お得意様あてに送られたもので、発行期間はわずか一年半ほどでしたが、内容は単に店の宣伝だけでなく、広く和菓子に関する情報を網羅していました。

例えば十四代の光景が「和菓子の歴史」を連載したり、「お茶室拝見」シリーズでは作家・吉川英治邸の茶室などを紹介する記事も載っています。また、女流作家の宇野千代や村岡花子、歌舞伎の初代中村吉右衛門、女優の入江たか子、歌人・土岐《とき》善麿《ぜんまろ》、法学者・穂積《ほづみ》重遠《しげとお》など当時の一流の人たちが菓子に関する随筆も書いています。

そのほか久保田万太郎の俳句、川上三太郎の川柳。あるいは好きな菓子を聞くアンケートに各界の有名人らが答えるなど、一菓子店の広報誌にしてはなかなか華やかで充実した内容でした。虎屋の顧客層を、御所や華族ばかりでなくもっと広げようという熱意をみるような気がします。以下はその一部ですが、当時のことを懐かしく思い出される方もいらっしゃるのではないでしょうか。

「早春随筆」中村吉右衛門（昭和十四年二月号）

探梅など床しい行事を楽しむ余裕はなかなか許されませんが、楽屋の一輪ざしに梅薫る頃は何か心楽しいものがございます。昨年の満鮮旅行から帰って以来、お陰様で引き続き健康で、この厳寒に風邪も引かずに勤めておりますが、この初春興行は毎日楽屋入りすると先ず門弟吉之丞にお茶を一服立ててもらっています。舞台へ出る前の一服は心が落ち着いてよい心持ちです。清正公は武人であって非常に茶をたしなまれたと承っております。（中略）この度の清正の陣羽織の梵字は小笠原長生《ながなり》閣下がお書き初めに遊ばして下さったものですが、東郷元帥が御在世中は毎年元旦に御年始に参上致しますと、必ず奥へ通されまして虎屋の「寿」のお菓子を下さいました。それからは、その御遺徳をお慕い申し上げて、私どもの家でも正月にはこのお菓子を用いることをめでたい家例に致しております。この頃酒量を増したといえば、威勢がよろしいようでございますが、せいぜい一合くらい。寒がりやの私は梅から桃桜と春の来るのを首を長くして待っております。
「春めくや昔作りの虎屋かな」この句は先年娘正子が作りましたものです。お笑い草までに。

アンケート
「忘れられぬ故郷の味」（昭和十四年一月号）
藤原義江（歌手）…十年来海外旅行の荷物には必ず虎屋の黒羊羹がつきものになっています。日本にいる時よりかえって外国にいる時の方がしみじみと緑茶と日本菓子の良さを味わうことが多くあります。
菊池寛（作家）…鯛の浜焼き、魚のくずし類。お菓子は金平糖
芦田均（政治家）…幼時に食べた「オランダ菓子」（油で揚げた米の菓子）と「猫の糞（駄菓子）」
片山哲（政治家）…私の郷里は和歌山県です。有名な駿河屋の羊羹饅頭の味はまた格別です。特に羊羹は長く保存しておくと、角砂糖みたいに固くなるのが面白く、そ

れがいつでも舌の上に残っているようです。

「わたしの好きな菓子と果物」（昭和十四年二月号）菓子のみ抜粋
林芙美子（作家）…駄菓子、かきもち類、チョコレートのぼんぼん
古川緑波《ろっぱ》（喜劇俳優）…フランス風の乾菓子
深尾須磨子（詩人）…黒砂糖を使ったものが好きです。餡ものは何に限らずつぶし餡が好きです。

海の勲、陸の誉

虎屋の菓子は、こうした人たちばかりでなく、海外の戦地などに出かけた将兵の皆さんにも愛されていたようです。

虎屋が軍に納入した菓子の主力は羊羹でした。海軍用は円筒形の「海の勲《いさおし》」、陸軍用は四角形の「陸《くが》の誉《ほまれ》」。これらは出征した兵士に配られるため、

「海の勲」

携帯できるよう小ぶりに作られていました。もともと「海の勲」は桜、「陸の誉」は星を配した羊羹として店頭販売していたものでしたが、昭和十六年以降本格的に軍用菓子の製造が始まるようになったのを機に、形を変えて同じ菓銘で作るようになったのでした。

物のない時代の羊羹は貴重な甘味で、現在でも来店のお客様が「戦争中、軍隊で食べた虎屋の羊羹がいまだに忘れられない」とか、「あの時の虎屋の丸棒（海の勲）はうまかったなあ」などとしみじみ店員に漏らされることがあります。

なお、虎屋の羊羹が戦地の将兵に愛されていた話は、「キスカ撤退時の秘話」として本にも出てきます（『海軍料理おもしろ事典』高森直史）。

昭和十八年五月にアリューシャン列島のアッツ島で日本軍守備隊が玉砕しますが、この後キスカ島では水雷戦隊が霧を利用して撤退を敢行、七月末までに守備隊五一八三人の撤収に奇跡的に成功します。物語はこの時、キスカ部隊脱出を急遽支援することになった特設水上機母艦・君川丸の中で展開します。

任務が変更されてキスカに向かうという情報が伝わると君川丸乗り組みの下士官たち

は肝をつぶします。結果的には奇跡的な撤退に成功するわけですが、その時の状況では死にに行くようなものだったからです。

もしかしたらこれが最後かもしれない、いまのうちに大いに飲み食いしておけということになって酒保《しゆほ》が開き、将兵たちは酒、ビール、虎屋の羊羹などをたらふく食べた、という話が紹介されていますが、筆者は「虎屋の羊羹――この時期になってもやっぱり海軍は上等なものを持っていた」という感想を付け加えています。

空襲で溶けた羊羹

序盤こそ優勢だった太平洋戦争も、昭和十八年二月ガダルカナル島からの撤退で次第に劣勢となり、二十年には日本本土は連日のように飛来する米軍機の爆撃に脅かされるようになります。五月二十四日の夜から翌朝にかけてのB29爆撃機による大規模な空襲では、赤坂一帯が焼き払われました。私はまだ二歳になっていなかったので覚えておりませんが、虎屋の店舗は残ったものの、工場と私の家は全焼してしまいました。

工場の倉庫には納めるばかりになっていた軍用の羊羹が入っていたのですが、すべて溶けて流れ出てしまっていました。こうなると商品としては使い物にならないので、祖父の武雄は、集まって来た人にそれを配ることを決断します。その時の模様を『赤坂物語』（河端淑子）は次のように書いています。

赤坂表町には羊羹で知られる「虎屋」のビルがあり、幸いビルは無事だったのでございますが製造工場は焼けおち、あたり一帯は焦土の臭いに混じって甘い香りが漂い、通りがかった罹災者はふらふらとひきつけられるように一人、二人と集まり、やがて数十名の人々が憑かれたように工場のまわりを囲んだのでございました。
見かねた虎屋の製菓工員の一人が「前線へ送るお菓子ですが、もう輸送もできません。自由に召しあがってください！」と叫ぶと、着のみ着のままの飢えた人々は工場の焼け跡にかけよって、瓦礫の中から厚い銀紙に包まれた羊羹を掘り返し、湯気がたつ熱い羊羹を無我夢中で貪り食べたのでございます。砂糖の配給が中止になって約二年、本当に久し振りの甘さに、泣き笑いをしながら……。

はじめにも書きましたが、虎屋に残る古い史料が焼失から免れたのはこの時のことです。焼け落ちた赤坂の工場に別れを告げ、迫り来る熱風の中を近くの弁慶堀まで逃れた女子店員たちが、水につかりながらも工場の重要品袋を守り通したのでした。「本書類は伝馬町工場爆撃全焼の折に持ち出した書類である。水中に浸しておいたので焼失をまぬがれる」と記された史料が残り、当時の彼女たちの奮闘を今に伝えています。

羊羹、南極へ行く

自社製品を通しての社会奉仕も企業の大切な使命と考えています。南極観測隊への菓子の提供もその一つでした。昭和三十一年から始まった南極観測隊に対して、虎屋は過去数次にわたって缶詰羊羹や懐中汁粉などを提供しています。

具体的な中身はといえば、昭和四十年の第七次観測隊への寄贈例では缶詰羊羹「夜の梅」「おもかげ」各四〇個、小形羊羹一二〇個、懐中汁粉「小鼓《こつづみ》」一二〇個、「祇園坊《ぎおんぼう》」(干し柿の形をした生菓子)一五〇個などとなっています。

現地の隊員から提供された写真には、南極の氷原にあるオングル島「昭和基地」のべースキャンプにテントが張られ、その入り口に「とらや」と書いた小さな看板がスコップとともに立っているスナップもあります。

大正の終わり頃から作られている缶詰羊羹は、保存性が高いところから海外に携帯するには打ってつけの商品でした。戦前・戦中は秩父宮のリュックサックに入れられてマッターホルンに登ったり、海軍や陸軍の戦地向けなどにも使われましたが、戦後も海外向けに復活しました。

南極の場合、極寒の地に到着してしまえばもちろん安心ですが、南極到着までの航路は結構な暑さの中での旅となります。それでもこの往復六ヶ月間の旅で缶詰羊羹は大丈夫であったことが、第一次観測隊宗谷の随伴船・海鷹丸の熊凝武晴船長によって、『製菓製パン』誌（昭和三十二年七月号）に寄せられた手記でわかります。

①空の旅、おもかげなど丸小型容器入り（缶詰羊羹）は、冷蔵庫へは収容せず室温で保存した。南極到着までは五十日間の炎暑（三〇度C前後）。南極に着いてから約一カ月（〇度C前後）を過ごした後、二月上旬にその半数を食べた。砂糖の吹き出し結

晶もなく、変質もせず、大変結構だった。残り半数は同じ条件で台湾近海まで持ち帰り、四月二十日ごろ食べた。南極で食べたのとほぼ同様の状況だった。すなわち、六ヶ月の間、夏を二回（約百日）、冬を一回（約六十日）過ごしたことになるが、何ら変化なく一同賞味した。②大型の羊羹、懐中汁粉は、一〇度C以下（大体五～六度C）の冷蔵庫に保存し、二月中頃南極で頂戴した。もちろん変質はなく一同舌鼓を打って賞味した。

また、第三次越冬隊の芳野赳夫氏（現電気通信大学名誉教授）によるとこんなエピソードもあったそうです。

観測隊では毎月隊員に甘味料とアルコール飲料を配給していた。酒飲み集団の隊員の中で、私は数少ない甘党。そこで私は一計を案じ、アルコール飲料一本に付き虎屋の大サイズ羊羹一本と交換することにした。配給の日にはたちまち私の部屋の前に行列ができた。毎月三、四本の羊羹が手に入るわけで、一仕事終えて自室に戻りお茶を飲みながらこれをかじる時が私にとって至福の時だった。

しばらくして四月ごろ、二年前の第一次越冬隊が残していった物資の中から凍りついた虎屋の羊羹の箱を発見した。辛党ばかりの越冬隊の他の隊員から、掘り出した羊羹は全部お前にやるといわれ、結局羊羹以外の他の梱包した荷物も全部私が掘り出す羽目になった。物資はすべて凍りついていたが、羊羹自体は氷点下三〇度、四〇度の中でも凍っておらず、そのまま食べられた。お陰で私は一年間羊羹には事欠かなかった。その後、私を含む四人の隊員が基地から約二〇〇キロ離れた対岸に海氷の調査に出かけ、ものすごいブリザードに遭ったことがあった。テントの外に置いた食料は吹き飛んでどこへ行ったか分からない。テントを吹き飛ばされまいと必死にフレームを抑え続ける仲間に、私は持ってきた虎屋の羊羹を渡した。皆、これを少しずつかじりながら二昼夜を頑張り通した。三日目にやっと風が収まり、吹き飛んだ食料箱も回収。とりあえずお茶を入れ、最後の一本を四人で分け合った。皆、辛党のはずなのにいかにもうまそうに食べ、私の羊羹で救われたと喜び合った。

このほか昭和三十五年の早稲田大学山岳部ヒマラヤ遠征隊や、明治大学創立八十周年記念のアラスカ学術調査団、さらには昭和四十年の京都府山岳連盟のカラコルム・ディラン峰遠征隊にも缶詰羊羹などを寄贈しています。

東大紛争を解決したもの

私の父・十六代光朝は、文人政治家・坂田道太《みちた》氏と親友でした。二人は旧制成城高校の同級であり、東大へ進んでからもともに文学部で、祖父・武雄の実兄が熊本市長、坂田氏の父が八代市長といった関係もあり、なおのこと気が合ったようです。

厚生大臣、防衛庁長官、衆議院議長などを歴任された坂田氏が文部大臣になられた昭和四十三年は、全共闘を中心とした学生運動が最も激しかった頃です。特に同年一月に始まった東大紛争は、やがて安田講堂の占拠と機動隊による強制排除、そして翌年の東大入試の中止にまで発展した大きな事件でしたが、実は二人の交友関係が紛争解決の糸口となったのです。

この件は、当時誰も口外しませんでしたが、あれからもう三十六年もたっていますし、平成二（一九九〇）年十一月に父が亡くなった時の弔辞でも坂田氏がその話を披露されていますので、もう時効でしょう。

私は文部大臣として、大学紛争収拾に苦しんでいたとき、赤坂の黒川邸の母屋の一室を貸してもらい、お陰で私は東大の加藤学長代行らと密かに会合を持つことができました。黒川邸の昔のままのあの大きな門を閉め切ってしまえば、車が二、三台入っても外からは全くわかりません。新聞記者諸君からの追跡も断つことができました。これもひとえに光朝さん、あなたと私の深い友情から生まれた成果でした。こうして世間を騒がし、あの激しかった大学紛争も解決することができました。

紛争解決時の東大学長代行が二人の旧制成城高校での後輩（後に東大法学部）の加藤一郎氏。同じ旧制高校に学んだ三人の縁が、あの歴史的な東大紛争の解決に一役かったのでしょう。

ブレア夫人の工場見学

虎屋には時々、外国の要人も見学に来られます。英国のトニー・ブレア首相が首相として初めて来日した時、橋本龍太郎首相の久美子夫人から、シェリー夫人に和菓子作りをお見せしたい旨の連絡がありました。

首相同士は外交日程があるため、英国側はシェリー夫人と在日英国大使夫人、日本側は久美子夫人。虎屋側は私と妻の由紀子をはじめ東京工場長や関係者大勢が出迎えました。

まず古くから虎屋にある青貝井籠や「平成のお通箱」（後述）、菓子の絵図帳、木型などをお見せした後、白衣に着替えていただき、研修室で押物、生菓子、焼菓子「残月」の製造実演を見学していただきました。ここでは同時に数種類の菓子を作っている様子が見られるようにと、一種のミニ工場を設営しました。

生菓子の実演では季節に合わせ、羊羹製の「寒紅梅」では寒さの中に咲く一輪の紅梅の花を、さらにきんとん製の「雪の下萌《したもえ》」では、白と緑のそぼろで雪の下からまさに萌え出でんとする緑の生命を表現しました。そのほか明治天皇より御銘を賜った饅頭「若紫」なども作り、お見せしました。シェリー夫人は、御自分でもきんとん製の和菓子作りに挑戦されたり、饅頭に焼印を押すなどされ、日本文化の一端に触れてご満足の様子でした。

そして最後にお土産として富士山をかたどった「高根羹」と「残月」、そしてご自分で作られた生菓子をお持ち帰りいただきました。

海外での和菓子紹介と研修生

もちろん要人ばかりでなく、私どもではチャンスがあれば広く外国の方に和菓子を知っていただきたいと思っており、いろいろな取り組みを行ってきました。最近では外務省所管の国際交流基金から「日本文化紹介派遣事業」の依頼を受け、製造や広報、虎屋文庫などの各担当者を海外に送りました。

最初は平成十四年三月、韓国のソウル、釜山、済州島での「和菓子講習会」でした。現地の大学や韓国宮中料理研究所、あるいは料理・製菓学校の先生や生徒、パン製造職人など三ヶ所あわせて約三百人の出席者がありました。生菓子作りの実演では、平らな生地がみるみるうちに花や果物の姿になっていくのを見て、参席者から感嘆の声が上がったそうです。

また翌年にはイタリア、ブルガリア、ギリシャで、各国の大使夫人や生け花、茶道の愛好家の前で、あるいはホテルマン・料理人養成学校や大学で、韓国と同様に講演、製作実演、試食などを行いました。ローマでは、珍しさも手伝ってか製菓用の箸を持ち帰ってしまう人が出て補充に困ったり、ブルガリアでは試食用の菓子づくりをホテルのレストランの厨房で行ったため、魚を焼く隣で菓子を作るという珍しい経験もありました。

しかし、どの会場も熱心な参加者ばかりで質問も多く、和菓子や日本文化に対する興味の深さを痛感しました。加えて各地でマスコミの取材も受け、地元紙にも大きく載り、大使館のホームページにも掲載されました。各地でまた是非来て欲しいという言葉をかけていただいたことで、文化使節の役目も果たせた思いがいたします。

また虎屋では、外国人研修生の受け入れも行っています。最初は、昭和五十七年の中国からの技術研修生でした。平成十二年からは、日仏交流の一環としてフランスのエセック大学（経済商科大学院大学）の学生を迎えています。パリに支店を持っている私どもとしては、フランスの学生と積極的に交流を持てたならと思っていたところでした。

彼らが研修後に残していく感想文は、見事な日本語やたどたどしい日本語などいろいろあります。「生菓子ときんとんの色と形が大好きなので、作っているととても穏やかな気持ちになりました。生菓子を作ることは生け花みたいだと思います」という女子学生らしいうれしい言葉がある一方で、「一番奇妙だったのは羊羹。なぜなら固くて重たいから」などという日本人には思い付かないような感想もありました。

日本の社会に入り込み、日本人と語り合ったことで彼らは日本の何かを学び、やがてそれを自分の仕事や人生の中に生かしてくれるでしょう。

手提げ袋と平成のお通箱

虎屋というと、あの金色の虎が描かれたショッピングバッグ（手提げ袋）を思い浮かべて下さるお客様も多いと思います。

この手提げ袋は昭和四十五年に、安永五（一七七六）年作の雛井籠《ひなせいろう》に描かれた虎をもとに制作されました。黒地に疾走する虎を配するという斬新なアイディア。デザインは、

雛井籠

金属工芸（鋳金《ちゆうきん》）作家の永井鐵太郎氏です。日展理事で、平成三年には日本芸術院賞も受賞されています。

永井氏は昭和三十四年、東京芸術大学在学中から虎屋に勤務されましたが、店頭装飾をはじめデザイン、コピーライティングなど幅広くこなしていただき、平成十七年春まで顧問を務めていただきました。

この虎の意匠はお客様からも好評で、昭和四十八年からは竹皮包羊羹・水羊羹をはじめ、「御代《みよ》の春」「残月」と主力商品の箱にも取り入れられ、パッケージおよび宣伝関係のデザインの多くに使われることになりました。今では虎屋イメージをアピールするシンボルとして受け継がれています。

虎屋の顔となったこの手提げ袋について同氏は、「街でお店のショッピングバッグを提げている方に出会うと嬉しくなってしまいます。それも二度、三度使い古している様子だと余計に嬉しくなります」と言ってくれます。

菓子を入れてお得意先へ運ぶ器のことを、一般にお通箱と言います。虎屋ではこれを井籠と呼んでいることは先に触れましたが、時代が変わった今ではもっぱらショッピングバッグが活躍し、お通箱でお菓子を届けることは御所などを除いてほとんどありません。

しかし平成の時代になっても、そのような豪華で夢のある器で菓子を運ぶロマンがあってもいいのではないかと、漆芸家の三田村有純《ありすみ》先生（現東京芸術大学教授）に制作をお願いしたのが「平成のお通箱」です。

平成元年から七年がかりで完成した作品は、星空を主題とした「煌《きら》めきの星河」。十一合が集まって一セットになっており、それぞれの蓋の表には無数の星がまたたく小宇宙が描かれています。そしてすべてを並べ合わせると星空が無限につながりあって、広大無辺の大宇宙が一枚の絵のように表現されるというものです。

乾漆《かんしつ》（麻布を漆で貼り合わせて素地としたもの）の造りで、蓋表の星には金、銀、夜光貝、メキシコアワビ貝などが使われています。また、蓋の裏には黄蝶貝、黒蝶貝などを使って十一合とも全部違うデザインで、虎のさまざまな姿態が描かれています。

　現在そのうち三合は史料見本として永久保存し、他の八合については、御所専用のお通箱として使っています。とても美しいものなので、きっと喜んでいただいていると思います。

第四章

虎屋の人々

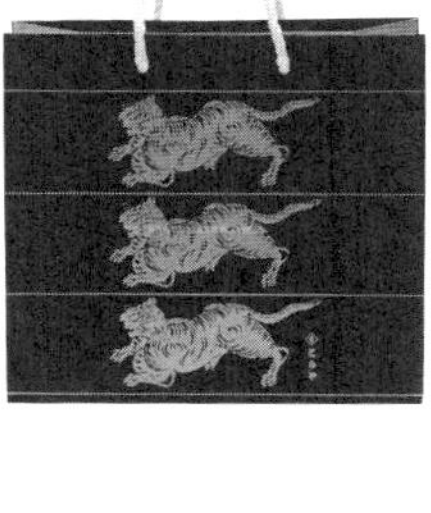

虎の手提げ袋（昭和四十五年）

最後は私ども、虎屋を内側から支えた人々について触れたいと思います。

歴代店主が初代から現在に至るまでどのような仕事をし、どのような事跡を残してきたか、主な出来事を取り上げるとともに、併せて江戸時代を中心にこれまで虎屋に勤めた奉公人や従業員の働きぶり、店の様子なども紹介します。そして虎屋の現在の姿と、和菓子を取り巻く諸環境についても述べたいと思います。

屋号の由来

私どもの店がいつから「虎屋」になったか、なぜそう名乗ったかは、正確にはわかりません。ただ、慶長五（一六〇〇）年の関ヶ原の戦の際に、負けた豊臣側の尾張犬山城主・石河《いしこ》備前守光吉《びぜんのかみみつよし》が、京都で「虎屋之宅」に三日ほどかくまわれたという記録が残っていますから、それ以前に既に虎屋と名乗っていたことは間違いありません。

屋号は一般に、①伊勢屋、大坂屋など地名にちなむもの、②寿屋、えびす屋のように縁起のよい吉祥句を使ったもの、③笹屋、桔梗屋などの植物名、④鶴屋、亀屋など動物名にちなむもの、などさまざまです。菓子屋に鶴屋、亀屋などの名が多いのは、「鶴は千年、亀は万年」などの吉祥句にちなんで縁起をかついだものと思われます。

では、なぜ「虎」なのか。一つとして、虎は日本には生息してはいませんでしたが、古来その勇猛果敢な姿は絵に描かれたり詩文にうたわれることも多く、一種神秘的な力強さを持つ霊獣とみなされていました。そうした強さにあやかろうと「虎」の名をつけた商家も多かったのではないかと考えられます。

現に虎屋という屋号は当時、特に珍しいものではなく、十七世紀初頭にポルトガル人宣教師が書いた『日本教会史』という本にも、「京都には虎の家、亀の家、鶴の家という名前の店が軒を並べている」とあります。

しかし、江戸時代、菓子屋で虎屋という屋号を名乗っていたのは、大坂に虎屋伊織、江戸に幕府御用を勤めた虎屋織部（三左衛門）ほか数軒の店があった程度。京都では、上等な菓子を商う上菓子屋で虎屋を名乗るのは私ども一店のみでした。

私どもの店が御所御用を勤めていたので他店が遠慮したとも考えられますし、虎屋が当時から暖簾分けによって同族組織を作る方法は採らず、これによって屋号の拡散を防いでいたことも挙げられるかもしれません。

もう一つ屋号の由来と結び付きそうなのが、毘沙門天との関係です。それを示す例として、十代店主黒川光廣《みつひろ》が残した「願文《がんもん》」があります。

願文とは神仏に願いごとを立てる時に書く文章のことです。光廣が文化十一（一八一四）年四月十八日、店の守り本尊である毘沙門天に捧げた願文には、「当家では、毘沙門天のご加護により天皇の菓子御用を承っている。そのお礼の意味を込めて、当家の屋号を虎屋と名づけた」という趣旨のことが記してあります。毘沙門天は、日本では福や財をもたらす神として信仰され、七福神の一人。虎は毘沙門天にゆかりの深い動物です。

虎屋では現在、京都店二階の仏間にこの毘沙門天の尊像を祀り、本尊として大切に守っています。歴代当主が店を継いだ折に一生に一度だけ、当主ただ一人がこの厨子の鍵を開け、ご本尊である毘沙門天を拝みます。これは、古くより連綿と続いている黒川家のしきたりですが、私も十七代を継ぐに当たって、先代光朝死去の翌平成三（一九九〇）年五月三十日に開扉を済ませました。

ちなみに最近では「虎」との関係はさらに広がって、平成十年の寅年には虎にゆかりの社名を持つ阪神タイガース、レストランのハングリータイガーとともに、世界の野生の虎を守るためのキャンペーンに取り組みましたし、同十五年の阪神タイガースリーグ優勝の折には、ファンの方々からお祝いのご注文もいただきました。

先祖を探して

虎屋は代々黒川家の当主を店主として、現在の私まで五世紀にわたって続いています。中興初代の名は黒川円仲《えんちゆう》。黒川家歴代事跡表によりますと、店主在任期間は慶長二年から四十年間とあります。関ヶ原の戦から大坂の陣に至る波乱の時代を経て、社会が安定する江戸時代初期までを、京都で菓子屋を営みながら過ごしたことになります。

ただ、円仲以前の歴史には、これまで不明な点が多くありました。一説には関ヶ原の戦の折、西軍にくみしたため、徳川方をおもんぱかって文書などを処分してしまったからだともいわれていましたが、社史『虎屋の五世紀』を編纂するに当たって調べているうちに、円仲の姉が戦国時代の武将・塙団右衛門直之《ばんだんえもんなおゆき》（一五六七〜一六一五）に嫁いでおり、子孫にあたる家には系図や位牌が残されていたことが分かったのです。

これからたどって初代円仲の実父は虎屋新助であり、姓は黒川、名は忠五郎詮成《のりしげ》、道号を円允《えんいん》と名乗ったことも判明しました。

塙団右衛門は、もとは豊臣秀吉配下の大名・加藤嘉明の家臣でしたが、関ヶ原の戦で主君と意見が衝突して浪人。後に小早川秀秋や福島正則に仕えました。大坂夏の陣では豊臣方の大将格として三千余騎を率いて戦い、討ち死にしています。団右衛門の首塚は京都・大徳寺高桐院にあり、墓も討ち死にした大阪府泉佐野市樫井に残っています。

このようにして歴史の空白から新しい事実が発見され、私どもの先祖の姿もさらに明らかになりつつあります。

山科とのかかわり

江戸時代、虎屋の菩提寺は京都黒谷にある浄土宗本山・金戒光明寺の光徳院で（明治以後、浄源院に移る）、歴代当主のほとんどが黒谷に葬られています。しかし、二代黒川吉右衛門、四代光清、十三代光正の三人は、京都・山科の華山寺《かざんじ》（臨済宗妙心寺派）を墓所としています。

初代円仲を継いだ二代吉右衛門の妻の実家は京都郊外の山科にあり、妻の実父は柳田吉左衛門という郷士《ごうし》でした。山科は古くから皇室と関係の深い土地でほとんどが禁裏御料。ここに住む郷士は山科郷士と呼ばれ、ことあるごとに御所に勤仕していました。その中でも柳田家は「頭《かしら》郷士」と呼ばれる家柄でありました。

また、二代吉右衛門は高僧・愚堂東寔《ぐどうとうしょく》（一五七七〜一六六一）とも非常に親しかったといわれます。愚堂東寔は、妙心寺の住職を務めた江戸時代を代表する臨済宗の僧侶。後水尾天皇や徳川家光ら多くの人々の帰依を受けたほか、宮本武蔵の参禅の師としても知られ、晩年の万治元（一六五八）年には山科に華山寺を開きました。この愚堂和尚の元へは毎日、虎屋から饅頭が届けられ、お使いが通う坂道が饅頭坂と呼ばれたという伝承もあります。

四代店主光清もまた山科に深い関係がありました。というのは、虎屋では三代黒川光成が幼い息子吉三郎（後の五代光冨）を残して亡くなったため、光成の弟光清が四代として虎屋の店を継ぎます。光清はその時既に母の実家である山科の柳田家を継いでいたため、虎屋と柳田家の両方の当主を掛け持ちすることになったわけです。二代吉右衛門、そして四代光清が山科の華山寺を墓所とした理由はこれでわかります。

五代光冨の妻の母の実家も柳田家だったといわれ、江戸時代初期における黒川家と柳田家との間の複数の姻戚関係は、この「山科郷」と大いに関わりがあったと思われます。

一方でこれはもう単なる伝説にすぎないことですが、虎屋創業奈良時代説というものがあります。

大正三（一九一四）年、京都府の調査に応じて虎屋が提出した文書によりますと、虎屋は奈良時代には平城京の東大寺域内にある水門《すいもん》の里・黒川郷に住み、姓も黒川氏と称したといいます。そのあと時代は不明ながら「禁裏に御供」して京の郊外の「山科郷」に移り、元亀・天正の戦国の乱世が治まった後、御所の近く一条室町に移って菓子の御用を勤めたと記されています。

関ヶ原の戦は徳川方・東軍の勝利に終わりましたが、京都・妙心寺の歴史を記した『正法山誌《しょうぼうさんし》』によりますと、この戦いに敗れた尾張犬山城主の石河備前守光吉は、いったん越前方面へ逃れた後に京都に入り「市豪虎屋之宅」に三日ほどかくまわれ、その後龍安寺を経て妙心寺養徳院に入ったとあります。

　また、『正法山誌』の右の記述のもとになった『石田軍記』にも「日頃目を懸けし町人に、虎屋といひし者の所へ、十月十六日夜半の頃に落着きしを、虎屋甲斐々々しく饗応し、暫く疲労を休めけるが、ここにも忍び難くして、虎屋には黄金を与へ」龍安寺へ退去したと詳しく書かれています。

　市豪とは市中（民間）の豪家、つまり町人・商人のなかでも著しく大きく豊かな家という意味かと思われますが、虎屋はその時既に周囲からそのような認識を得ていたということでしょうか。いずれにしても徳川方の詮議が厳しいなかで敗軍の将をかくまうのは非常に勇気のいることで、一歩間違えば家の滅亡につながります。その時の店主は中興初代の黒川円仲ですが、彼がそのような危険をあえて冒したのは、それだけ両者の間に深い交誼があったからでしょう。

　なお、石河備前守が最後に頼った妙心寺は臨済宗妙心寺派の本山で、開山は関山慧玄《かんざんえげん》。安土桃山時代から江戸の初期にかけて豊臣、徳川配下の諸大名が、争って伽藍の造営や塔頭の開創に務め、最盛期には八十三の塔頭を擁し、七堂伽藍を完備する大寺院となっています。ここには石河一族が開基檀那となっている塔頭も多くあり、養徳院も石河氏によって建てられた寺であります。

二代吉右衛門らの墓所となっている山科の華山寺は、かつての妙心寺の住職・愚堂東寔が開いたものですし、初代黒川円仲の義兄弟・塙団右衛門も妙心寺で僧侶となっていた時期がありました。石河氏、塙氏、黒川家を結ぶ鍵はこの妙心寺が持っているともいえます。

朝廷とともにした苦楽

江戸時代前期の虎屋の業績は概して順調。経営基盤はあくまで御所御用の宮中にありましたが、売上帳には公家や大名、三井家や鴻池家といった豪商や尾形光琳などの名前も残っており、その顔ぶれは多彩でした。

虎屋は、五代光冨の時代に一度江戸進出を試みています。正徳四（一七一四）年のことで、場所は久保町（現在の港区西新橋一丁目あたり）。出店に関しては、虎屋、吉文字屋自得、萬屋三郎兵衛の三者の共同事業とし、赤字が出た場合の損金は三等分。利益が出た場合は、虎屋が菓子の製法を伝授し屋号も虎屋とすることから四割、他の二店は三割ずつという取り決めになっていました。

しかし、光冨は約半年後にはこの店を引き払っています。理由ははっきりしませんが、共同出資者の経営悪化のほかに当時の江戸における菓子業界の事情がありそうです。

元禄時代ころから、京都の上菓子屋が江戸へ進出して「下り京菓子屋」としてもてはやされていましたが、虎屋が店を設けた頃には有力な京菓子屋は出そろっていました。また関東出身の上菓子屋が幕府御用を勤めるなど、江戸における菓子業界の勢力地図が固まっていたことも虎屋に不利に働いたのでしょう。しかし、撤退が早かったため大きな損失はありませんでした。その後、江戸への進出は明治に至るまでありません。

順調だった虎屋の経営も、江戸中期になると次第に苦しくなります。この時代は八代将軍吉宗の治世とも重なりますが、幕府財政を再建するために享保の改革が行われたことからもわかるように、世の中全体が厳しい経済状況を迎えます。

特に朝廷の経済の逼迫は度合いを増し、六代店主の房寿は享保十二（一七二七）年の日記に「昨年一年間は御用代金を頂いていない」旨を書き残しています。さらに、『皇室御経済史の研究』（奥野高廣）にも、「享保十五年には虎屋と二口屋は二年分代金の御下賜を受けていない有様だった」とあります。

この苦境は七代迪光《ちかみつ》、八代光治《みつはる》の時代も同様でした。物価の値上がりも目立ち、虎屋からは御所あてに菓子の値上げ願いや拝借金願いがたびたび出されています。また、実際に提出されたかどうかは分かりませんが、御所御用を辞退したい旨の願書の下書きも残されており、当時の店主の苦労がしのばれます。

経営の危機は江戸時代後期も続きます。特に九代光利の天明八（一七八八）年には、天明の大火により京都の街は応仁の乱以来の大きな被害を受け、御所も虎屋も類焼しています。この影響もあって虎屋の経営はさらに悪化しますが、こうした苦境を乗り切るために種々の店制の改革を行ったのが光利でした。

その一つが、文化二（一八〇五）年の「掟書《おきてがき》」です。これは現在で言えば就業規則に当たるものです。ここには商人の基本的な心得、店員の意見を大切にする提案制度や人材教育など、幅広く店の在り方が示されています。

しかし、それでも経営はなかなか好転せず、光利は二年後に新たに「定《さだめ》」も制定しました。冒頭には「五ケ年之間堪忍」と書き、危機打開のために五年間は緊縮財政をもって臨む旨を表明しています。その厳しい倹約の指示も多方面に及んでおり、「雨が漏ろうと破損が見られようと家屋の普請は無用」「親類が訪ねてきた場合でも食事は有り合わせのもので済ませること」などの文言は悲壮感すら漂わせています。

光利はその二年後、さらに「店員役割書《てんいんやくわりがき》」も作りました。店員一人一人の名前を挙げ、それぞれのなすべき仕事を細かく記しています。業務内容を明文化することによって、仕事への目的意識を高めることを狙ったものと考えられますが、このようなものが十九世紀初頭に既に明文化されていたことに驚きを感じざるを得ません。

江戸時代の労務管理

江戸時代に虎屋で働いた奉公人の仕事ぶりや生活はどのようなものだったでしょうか。これを知るには先に記した九代光利の「掟書」が最も参考になります。

江戸時代、商家では店主と奉公人たちは一つの家族のような関係で結びついていました。虎屋の場合、その絆を強める支えとなったのが「掟書」だったのです。これは天正年間（一五七三〜九二）に既にまとめられていたものを、文化二年に光利が書き改めたものですが、現在でも十分通用する内容が多くあります。その中身のうち主なものを要約して紹介します。

一、毎朝六ツ時（午前六時頃）には店の掃除をすること。
一、倹約を第一に心がけ、良い提案があれば各自文書にして提案すること。
一、菓子の製造にあたっては常に清潔を心がけ、口や手などをたびたび洗うこと。
一、どのような方でもお客様を訪ねたら長話はせず、丁寧にお答えして速やかに帰店すること。また外出中に自分の用事で他所へ寄ってはいけない。
一、御用のお客様でも、町方のお客様でも丁寧に接すること。道でお会いした場合は丁寧に挨拶すること。
一、お客様が世間の噂話をしても、こちらからはしない。また、子供や女中のお使いであっても、丁寧に応対して冗談は言わぬこと。

一、仕事はそれぞれが得意なことを励み、上の者が徐々に下へ教えること。
一、上の者でも手落ちがあった場合は遠慮なく注意しあって常に「水魚の交わり」を心がけること。
一、仲間を組んで悪いことをした者がいる場合は届け出ること。もしその仲間であっても抜けた場合は許して褒美も出す。
一、手代や子供（丁稚《でっち》）に至るまで、常に書道や算術の勉強を怠ってはいけない。そうしなければ、支配人や番頭に昇進することはできないし、将来独立して他の商売についても困る。奉公中に精進すること。
一、親しい方が見えても七ツ時（午後四時頃）までは酒肴を出してはいけない。ただし遠来の珍客は別である。
一、男女はむやみに話してはいけない。
一、子供の休憩は支配人の指図により決める。
一、奉公人には毎月二回酒肴を出す。
この掟書は子供には難しいところもあるので、大人からよく説明して理解させること。

店に勤めるものが持っていなければならない基本的な姿勢や考え方、行動基準が実にこまごまと記されています。

例えば、「菓子の製造にあたっては、常に清潔を心がけ、口や手などをたびたび洗うこと」という注意には、その後に「人が見ている、いないに関係なく必ず励行しなさい」などの説明もあり、既に当時から衛生面の重要性を強調していたと言えます。

また、「御用のお客様でも、町方のお客様でも丁寧に接すること」のくだりは、御所御用を勤める店だからといって決していい気になるな、というおごりに対する戒めの言葉にも取れます。そのほか、仕事の上で上下の関係はないことや、各人の自己研鑽を求める記述もあります。しかし、一方では休憩時間の規定や月二度のささやかな酒肴の提供などの項目もあり、息抜きをする部分もあったことがわかります。

大切にされた奉公人

仕事内容についても、やはり光利の「店員役割書」が参考になります。現在でいえば、職務分掌規程に当たるものですが、これには奉公人一人一人の名前が書かれ、その後に各自の分担が細かく記されています。

役割書には一〇人の仕事内容が書かれていますが、支配人に準ずる地位にある伝兵衛は、「井籠や製菓道具全般の点検、燃料費や運賃の管理、毎日夕方に売掛代金や現金売りの帳面を引き合わせて勘定を行う。また、すべての奉公人に対し、主人の命令を伝える。焼菓子の担当」などとなっています。

また、嘉兵衛は「宮中・皇族・五摂家のご用命がある時に参上する。ほかに引砂糖・棹菓子・白粉・赤粉を担当し、時に応じて仕込みの準備まで点検すること」などとあり、佐兵衛については「饅頭やうどん粉を仕込む。酒米、うどんの汁と鰹節や麴を担当。粳《うるち》米の粉・もち米の粉を干すときにはよく点検してからかき回すこと。また帳簿点検は粉と麴の勘定を担当」とその役割が書かれています。

これで仕事内容は大体見当がつくだけでなく、当時の虎屋は、菓子のほかにうどんも御所に納めていたことも分かります。また、最後には「仕事を済ませたら夜は五ツ時

（午後八時頃）には部屋に戻ってよい。朝は六ツ時（午前六時頃）に店に出ること」とあり、当時はかなりの長時間労働であったようです。

このように奉公人は細かい規範の元で働いていましたが、店主は奉公人を身内として大変丁寧に扱い、信頼もしていました。

例えば享保十二（一七二七）年正月の六代房寿の日記によりますと、丹後国から藤七の父親が来て、虎屋に泊まった、閏《うるう》正月三日の晩には藤七の弟が店へ来たとあり、奉公人の家族を店に泊めています。

また五日には人別《にんべつ》改め（現在の戸籍調査のようなもの）のため藤七を帰郷させるに当たって、「庄屋へは菓子一包み（源氏飴・霜柱・菊の霜・見肥・巻煎餅）と菓子半斤代金二匁六分、肝煎《きもいり》二人には松の緑・見肥と菓子一〇〇目代金二匁三分五厘を土産として持参させた」とあります。

さらに房寿は藤七の父親に対し手紙を書き、藤七に持たせています。「そちらの役所で人別改めがあると聞き、公用ですので本日藤七をそちらへ差し出しました。藤七は現在御所御用を担当しており、毎日御所の台所へ詰めさせていますが、しばらく休ませました。藤七がそちらで逗留するようなことがあれば、代わりがいないのでとても難儀します。この状況をそちらから庄屋様にお伝えください」。

奉公人の藪入り（帰省休暇）の状況も、同十日の記述からうかがうことができます。「奉公人の清吉が、大坂の親類の見舞いに行きたいと申し出たので、二三日休みを与え、ついでに藪入りさせた。着物（すす竹・紋付）と帯一本。銭一〇〇文を与えた。ほかに雪駄一足、足袋一足。外郎一棹と冬瓜《とうがん》も持たせた」というくだりにも、非常に細かな心遣いを感じ取ることができます。

また、虎屋では江戸時代の奉公人一人一人の出身から勤務履歴、給金、褒美などを記した帳簿も作られていました。残念ながら、甚兵衛という奉公人一人分だけしか残らず、全体の史料は失われましたが、そこには甚兵衛の入店年から、父と保証人の名、十年間の年季奉公を終え一年間の御礼奉公を務めたことも書いてあります。

給金は一年に白銀五枚と半季に金二分。給金のほかに小遣いや褒美もあります。これは仕事ぶりに対する報奨金に当たるものでしょう。また、独立に向けて積み立ても行われており、甚兵衛はそのうち金一両を借用していることまでが記録されています。ちなみに甚兵衛は三十三歳まで虎屋に勤めました。

この断片史料だけでも、現代でいう労務管理が虎屋では既にこの時代から細やかに行われていたことが分かります。

幕末の好景気

その後、十代光廣、十一代光寶《みつよし》と続きますが、この頃、後陽成天皇在位中から虎屋とともに菓子の御所御用を勤めていた二口屋の経営が悪化。天保年間（一八三〇～四四）に虎屋は二口屋の借財を肩代わりして経営権を手中にします。そして光寶の弟が名目上の店主となり、二口屋として虎屋の店舗内で御所御用を勤めました。

光寶が店主就任からわずか四年で急死したため、その子光正が跡を継ぎます。しかし光正は当時六歳。しばらく祖母たちの後見を受け、慶応二（一八六六）年に二十八歳で近江大掾を受領し、名実ともに十二代店主となります。

この時期の虎屋の売り上げは概して好調でしたが年によって変動が見られ、特に慶応元年の売り上げはいつもの年の四倍にものぼっています。売り上げ増加の理由として、御所に国事御用掛《こくじごようがかり》などの部局が新設され新しい御用先が増えたことが考えられます。幕府御用では従来の京都所司代などからのご注文はもちろん、将軍在京中の御用を新たに命じられてもいます。あるいは在京する大名の数が著しく増えたことなども理由のひとつでしょう。

また、幕府崩壊後の慶応四年には株仲間である「上菓子屋仲間」の解体があり、新たに「菓子屋仲間」が結成されますが、虎屋はこれに入らず、御所御用商人の有志で「有慶会」という組織を作りました。名前は「積善の家に余慶有り」という言葉から来ており、メンバーは香具、墨、針など菓子屋以外の業種も含んでいます。

幕府の権威が揺るぎ朝廷の権威が高まるなか、御所御用商人が自らの由緒を確認し、共通の利益を守っていこうという心意気を示したもので、なによりもまず御所御用の継続を第一に考えたものでした。この判断はやがて遷都後の東京店開設へと結び付いていきます。

京都から東京へ

明治二（一八六九）年春の東京遷都は、十二代店主光正に明治天皇に随行して新天地に向かうか、それとも京都に残るかの難しい選択を迫りました。

長年京都で御所御用の役目を果たして来た店が、東京という全く新しい土地で仕事を始めるのは大変なことでした。とはいえ当時の虎屋の売り上げの半分は御所関係。このまま京都に残っても果たして店の経営が成り立つかどうか、見当もつきません。

三十一歳だった光正が苦渋の末に下した決断は、庶兄の黒川光保をとりあえず名代として送り、東京出張所を設けてしばらく様子をみようというものでした。その理由の第一には、当時はまだ明治天皇が再び京都御所へ戻られる可能性が十分にあったことが挙げられますが、それ以外に光正自身に持病があり、健康に十分自信が持てなかったこともあったと思われます。

光保は明治二年三月に上京、二度ほど場所を変えて南槇町（現在の中央区八重洲二丁目）に出張所を設けました。そして京都の店主光正に対して、東京の社会状況や菓子業界の動きを逐一知らせるとともに、仕事についてこまめに指示を仰ぎます。

しかし、その光保が明治九年に急死。光正は自ら上京して東京での営業を決意します。東京の店を放置すれば御所御用の継続が危ないという危機感はもとより、「最後の内乱」といわれた西南戦争が十年に終結したこともあったと思います。治安や経済が安定し、東京の人口も回復した。こうした見通しも光正の背中を押すことになったのではないでしょうか。

光正は明治十一年に下見と準備で三月と九月の二度上京しています。この頃、鉄道は明治五年に新橋‐横浜間が開通していますが、東海道の全線開通は二十二年。当時の交通手段は主として徒歩でしたが、光正は人力車を中心に船や駕籠、横浜からは汽車を使い、ほぼ一週間で東京に着いています。滞在も一週間程度で切り上げて京都に帰るという急ぎ旅でした。

春の下見では旅日記も残しています。「大井川は、昔は人夫が客を背負って渡していたが、今は橋ができてその上を人力車が平坦な道のように走る。昔の人はなんと愚かだったであろう」「箱根の山では、大小の石がいっぱいあったため駕籠夫が滑って腰を打ち、眠っていた自分も目を覚ましてしまった」などと面白い感想を書いています。

東京店開祖

京都を離れるにあたり、光正は妻と次男だけを同行させ、長男は親戚に後見を頼んで京都に残しました。屋敷については貸し賃を取って番頭の河村松之助に預けており、番頭が書いた「虎屋の屋敷・もろもろの道具類について年限を決めずに拝借、毎月一〇円ずつを納めます。もし屋敷が必要になったら元のようにして明け渡します」という借用書も残っています。京都店の実際の運営はしばらくこの番頭に任せていたのでしょう。

明治十二年の上京当初、光正は京橋区元数寄屋町に出店しましたが、半年後には赤坂に移転、京都に残した長男も呼び寄せています。名前は「虎屋東京店」と称し、従来あった光保の東京出張所は「黒川」の名で営業を続けることになりました。なお、この店はしばらく御所御用も勤めていましたが、大正の末頃に営業をやめたようです。

光正は東京での開店に当たり、京都からも店員を連れていきますが、東京でも新しく雇い入れました。その時の誓約書には、「経費やもろもろの勘定については正確を期すこと、他にいかに良い商売があろうとも転職を申し出ない」などが書かれていて、興味深いものがあります。

なおその時に京都から伴なった西川武兵衛は、東京でも光正の見込み通りの働きをみせたことから、後に新聞に取りあげられました。明治四十四年の十月、「虎屋の柱石」という見出しで『万朝報《よろずちょうほう》』に載った記事は、この頃の店員の働きぶりを知る貴重な記録です。

赤坂伝馬町の菓子商虎屋こと黒川光景雇人西川武兵衛（六十二）は奉公以来今日まで五十年間一日も欠勤せず、時に同家の危きを救い、あるいは幼主を撫育するなど虎屋の柱石として知らる。光景は武兵衛が老年なればとて多額の慰労金を贈りて隠居させんとせしところ「足腰の利くうちは働きます」とて聞き入れず壮者を凌ぐ元気にて勤めいるとは感ずべし。

明治・大正時代における店員も、基本的には江戸時代と変わらず、虎屋という店を中心にした一つの家族のようなものでした。それだけに店員たちも店に対して骨惜しみをしない勤務ぶりを示す者が多かったようです。

明治十六年、光正は四十五歳の若さで隠居、長男延太郎（十三代光正）に店を譲ります。上京後わずか四年足らずでした。健康上の理由が大きかったと思われ、それから五年後、五十歳でこの世を去っています。

明治維新後、激動する時代の荒波に翻弄されつつも、それを見事に乗り切って東京店の基盤を築いた功績から、虎屋では十二代光正を「東京店開祖」と呼び、現在もその命日である六月二日を創立記念日とし遺徳を偲んでいます。

家系と和菓子の研究

十四代光景は、十二代光正の次男算雄《かずお》として生まれました。いったんは養子に出たものの廃家となったため黒川家に戻り、明治三十二年に兄から家督を継ぐ形で光景と改名して店主の座につきました。店主としての期間は四十年余の長きにわたり、特に明治後半から急速に店を発展させた手腕は特筆すべきものがあります。

また、虎屋の店主が店の経営だけでなく、広く業界や社会に目を向けるようになった

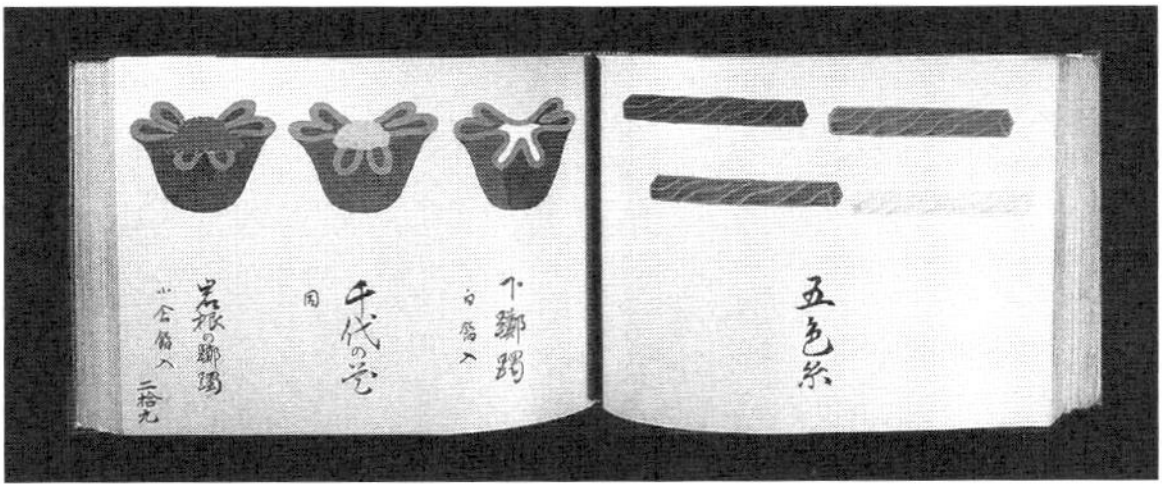

「御菓子見本帖」

のも光景の時代からでした。四十年に赤坂区会議員、四十四年に東京で開かれた「第一回帝国菓子飴大品評会」の幹事、翌年には初めて結成された東京菓子業同盟会の副会長に就任するなど、率先して菓子業界の発展に寄与しようという姿勢がみられました。

光景が最も幅広く活躍したのが大正時代でした。明治に引き続き菓子団体の役員や、赤坂区会議員などを務めますが、社会や業界に向けての発言がより積極的になっています。

売り上げも、明治後半からの上昇をそのまま引き継いだ形で順調な伸びを見せ、当時の業界紙『菓子新報』によりますと、「虎屋は普通の菓子屋のように店を出して売ってはいないが、それでも注文が多いので売り上げは大したものだ」とあります。この時期はもっぱら注文販売で、店の人数はまだ十数人の小ぢんまりした個人商店でしたが、それでも店頭販売の店に負けないくらいの売り上げを挙げていたのでした。

大正の半ばになると、光景は店の運営を養子の武雄（後の十五代）に任せ、自らは菓子に関する古い文献や書画骨董を買い集め、さらに黒川家の家系や歴史調べにも時間を割くようになります。菓子と名のつく本はほとんど買い集めたため菓子関係の古書が高騰したという話まであります。

このとき光景が集めたものが、現在の虎屋文庫にある史料の中心になっており、これが和菓子文化の普及にどれだけ貢献しているかわかりません。

そうしたなか、光景は大正七年には新たに「御菓子見本帖」も作っています。これは虎屋に古くからあった菓子の絵図帳に新たな菓子を加え、それを画家に描かせて新しい見本帳に仕上げたものです。現在でもこの見本帳は、虎屋の菓子の基本資料として、製造や営業部門だけでなく、虎屋文庫の和菓子研究に活用されています。

東大出の羊羹ねり

十五代武雄は、私の祖父に当たります。特徴は何と言っても歴代店主のうちたった一人、養子縁組で虎屋に入って来た人だということでしょう。

十四代光景には男の跡継ぎがいませんでした。過去虎屋では弟が跡を継いだことも三例ありましたが、光景は養子縁組を選択しました。当時の日本では資産家や商家が家系の存続を図るため、他家から優秀な男子を養子に迎えるのはよくあることでした。光景もその例にならい、明治四十四年、出入りの医師の紹介で当時第一高等学校（現東京大学）の学生だった福田武雄を養子に迎えることにしたのです。

武雄は熊本県の医師の子で四人兄弟の四男。長男虎亀は山梨県知事、衆議院議員や熊本市長を歴任。次男房男は東京で開業医、三男良三は海軍中将でした。経済的理由もあって養子となった武雄でしたが、福田家は代々武士の家柄。商家への養子入りは武雄の心に一時期かなりの葛藤を生じたようで、その頃の悩みや屈折した感情を後に著書に書いています。

大正六年、武雄は東京帝国大学法律学科を卒業して第一銀行（現みずほ銀行）に入り、その年に光景の一人娘、算子《かずこ》と結婚します。しかし、武雄が卒業してすぐに家業を継がなかったことに光景は陰ながら不満と不安を持ち、親戚からも「武雄さんは家の商売をやる気はないらしい」という声が起こります。

武雄としては十年ほど銀行に勤めて、支店長など一応の社会的地位を得てから家業に従事するつもりだったようですが、父の気持ちを察し、悩み抜いた揚げ句二年足らずできっぱり銀行をやめました。そして熊本の実父の墓前に虎屋の家業につく旨を報告して帰京後は、まるで人が変わったように餡煉りを始めました。「東大出の羊羹ねり」という記事までが新聞に出たそうです。

それからの武雄は家業に専念、菓子作り一筋に情熱を注ぎます。その一つの表れが「一日一菓」という菓子の製造日記でした。これは大正十一年から三年近くにわたり、菓子の原材料と製法などを一冊のノートに書き込んだものですが、配合や火加減、できばえなどが細かく書かれており、それだけでも貴重な菓子作りの参考書です。

この努力は昭和に入っても「菓子覚書」の形で続けられ、前述の「ゴルフ最中」もこの中に残されています。

武雄が考案した菓子はほかにもいろいろあります。「小形羊羹」は六大学野球観戦がきっかけでした。試合が終わってゾロゾロと帰る道すがら、「こんな大勢の人にたやすく買ってもらえるような菓子はできないものか」と武雄は考えたそうです。そしてある日、もらったコティの香水の化粧箱がヒントになりました。大きさもいいし、箱も簡単で清楚。そうだこの大きさだと思い、羊羹を小さく切り、アルミ箔に包んで化粧箱に入れました。そして「夜の梅」「おもかげ」の小形二個入りとし、昭和五年四月に発売を始めたのでした。その後の羊羹の普及に大いに役だったアイディアの一つです。

「小鼓」は鼓を意匠とした懐中汁粉ですが、これは武雄が趣味としていた能からヒントを得たものでした。大正の終わり頃の夏、軽井沢の友人の別荘で遅くまで鼓を打って楽しい夜を過ごした後、この楽しさをもとに小鼓にちなんだ菓子を作ろうと考えたもので、昭和二年六月に発売されました。

辣腕経営と政界進出

大正十二年の関東大震災後あたりから、光景は店の運営の実務をほとんど武雄に任せました。武雄もまたそれに応えるかのように、経営にも手腕を発揮、店をさらに大きく発展させます。

虎屋が今でいう広報活動を積極的に始めたのは、この頃です。関東大震災では幸い店も無事だったため、翌日から原材料の確保に努め二週間後にはもう「爽やかな秋が参りました」という書き出しのガリ版刷りの挨拶状と、菓子の種類を書いたビラを店員に持たせて、注文うかがいにお得意様の家を回らせています。

その後も、宛名を書いて郵送する今で言うダイレクトメール方式による宣伝・広告や配達用自動車の導入など、同業他社に先駆けたアイディアを次々と考え出します。

配達用自動車は、大正十三年にまずフォードのトラックを購入、十五年には二台目を入れました。この頃、菓子は徒歩や自転車で配達しており、数が多くなると箱車を使っていました。例えば赤坂から高輪まで箱車では一時間かかりましたが、自動車が導入されると十分から十五分と大幅に短縮。それまで配達が遅れてよく「虎屋時間」と言われていたのが、以後時間が正確になったとほめられるようになったとのことです。

また従来の受注販売に加え、店頭での販売も始めました。お客様の対象もこれまでの御所や華族、財閥ばかりでなく、丸の内近辺の企業や個人にも広げ、顧客層の拡大を図っています。

そして昭和十五年二月、光景隠居により武雄は名実共に十五代店主になるわけですが、その後、彼を待っていたのは太平洋戦争でした。戦争中の苦労はもちろん戦後の社会的な混乱も虎屋の経営に大きな影を落としました。

さらに、武雄は想像もしなかった最大の危機に直面します。昭和二十一年一月に宮内省から御用差し止めの通知があったのです。長年、御所御用を勤めてきた虎屋にとってはまさに存亡の危機でしたが、武雄の必死の嘆願書も効いたのか幸いにして御用の継続は認められることになりました。

しかし、この事件をきっかけに武雄は菓子屋の地位の低さ、発言力の弱さを痛感し、政界への進出を決めます。二十一年の衆議院選挙には落選しますが、翌二十二年の参議院選挙の東京地方区には日本自由党から立候補して当選、二十五年には第三次吉田茂内閣の厚生大臣にも就任しました。国会で、「羊羹屋！」の野次に、すかさず「毎度ありがとうございます」と切り返したというエピソードもあったと聞いています。

議員になってからは虎屋の経営そのものは十六代光朝に任せますが、政界での活動は同業組合の再編成など菓子業界に多大の影響を与え、同業者からも厚い信頼を寄せられていたようでした。

武雄が厚生大臣時代の昭和二十六年、世界保健機関（ＷＨＯ）の会議に出席した際、飛行機の窓から見える夕焼けの美しさに感銘を受けて考案したといわれる菓子が「空の旅」です。紅地に白小豆の粒を配した羊羹で、夕焼け空に浮かぶ雲を表しています。発売はその年の暮れでした。これは今でも虎屋の商品として店頭に並んでいます。

商店から株式会社へ

父・十六代光朝は、祖父武雄が政界を目指すことになったため、昭和二十一年三月末、それまで勤務していた文部省美術研究所（現東京文化財研究所）を退職し、虎屋の経営に加わることになりました。

しかし、当時は敗戦直後で、菓子を作りたくても原材料はすべて配給制。特に砂糖は統制で自由に手に入らないという時代だったので、苦労は並大抵ではなかったと思います。そのため虎屋は一時期、喫茶店を開いたり、配給パンの委託製造で食パンやコッペパンを作ったりして時の来るのを待ちました。社員の給料が払えず、父や祖父があちこち駆けずり回って工面したという話も聞いたことがあります。

このような状況のなか、虎屋は二十二年に光朝を社長として虎屋商工株式会社を設立、翌二十三年には株式会社虎屋へと社名を変更しました。「商店」から「会社」への新しいスタートでした。そして二十七年四月、砂糖の統制が解除され、原材料が調達できるようになると、虎屋もやっと菓子屋として本格的な活動を開始できるようになったのです。

虎屋の売り上げが戦後大きく伸びたのは、デパート進出が契機でした。それまで日本橋や銀座、新丸ビルなどに直営店は出していましたが、百貨店への出店はありませんでした。しかし、父は昭和三十七年五月、池袋東武会館（現東武百貨店池袋本店）を皮切りにデパートへの進出を決断します。

その際、祖父と父との間に随分やりとりがあったと聞いています。祖父はこれまでせっかく大切にしてきた「希少性」や「高級イメージ」がデパート進出によって薄れてしまうのではないかと心配し、一方、父は「直営店だけの商売はもう限界ではないか」と危惧、より集客力の高いデパートに長期的展望の道筋をみつけようとしたのでした。

この時はちょうど東京オリンピックの二年前で、池田勇人首相の「所得倍増論」など、日本の経済が高度成長期にさしかかっていた時期でした。タイミングもよかったのですが、このような新しい道を模索したことによって、私どもの商品を多くのお客様に知っていただくことになり、やがて販路の拡大にもつながりました。

パリに根付いた日本文化

父は、どちらかといえば文人肌でした。東京帝国大学美学美術史学科を卒業し、趣味は美術研究、俳句、写真、歌舞伎など多岐にわたりました。六文子《ろくもんし》という俳号を持ち、写真展を開いたり写真集を出すほどでした。そして、その感性を和菓子屋経営にも生かした人だと私は思っています。

父の残した言葉に、「和菓子は五感の芸術である」というものがあります。和菓子にはまず形や目に映る美しさがある（視覚）。次に口に含んだ時のおいしさ（味覚）、そしてほのかな香り（嗅覚）と、手で触れ、楊枝で切る時の感じ（触覚）があるが、これらに加えてもう一つ、菓子の名前を耳で聞いて楽しむ「聴覚」がある、と言うのです。

和菓子には、『古今和歌集』や『源氏物語』などの古典文学からとったり、日本の風土、四季などを巧みに織り込んださまざまな雅な名前（菓銘）が付けられています。例えば、「薄氷《うすらひ》」という菓子。これは初冬のある朝、紅葉が池の氷に閉じ込められている情景を、道明寺生地の中の煉羊羹で表したものです。「春霞」「初蛍」「紅葉の錦」など、それらの菓銘を耳にするだけで季節のうつろいすら感じ取ることができます。

そういうものすべてがそろって初めて和菓子は完成する、というのが父が言いたかったことではないか。和菓子を五感という観点からとらえたのは、わが父ながら卓見だと思います。

和菓子文化を広げることにも熱心だった父は社内に虎屋文庫を組織し、「和菓子の日」の制定にも尽力しました。パリ店開設も、海外に日本文化の象徴である菓子を紹介したいという夢の延長上にあったような気がします。

パリ店は昭和五十五年十月六日に開店しました。その前年、和菓子組合で出品したパリ国際菓子見本市での反響が予想以上だったのに感激した父が、海外出店に並々ならぬ情熱を寄せ、短期間で開店に踏み切ったものでした。

場所はセーヌ川の近く、有名専門店が並ぶサントノーレ通りとコンコルド広場を結ぶサンフロランタン通り。開店にあたっては、フランスで和菓子が受け入れられるか、海外出店の経験がないのに大丈夫か、など心配の声もありました。

事実、開店当初は抹茶に砂糖を入れる人がおられたり、羊羹を見て「これは食べられるのか、黒い石鹼ではないか」と聞く人もあって店のものが説明に窮したこともありました。しかしそのうちに、折からの日本食ブームともあいまって和菓子のファンも増え、昭和五十九年には羊羹をパリ風にアレンジした新商品「羊羹de巴里《ようかん・ド・パリ》」も発売しました。これは現地のフランス人のアイディアも入れて、日本の羊羹よりもっと小振りで形もかわいく、きれいな色と果物の香りがするものに出来上がりました。

虎屋パリ店は次第にパリの人たちにも受け入れられるようになり、平成十一年にはフランスの代表的新聞『ル・フィガロ』が選ぶ「パリのサロン・ド・テ（喫茶）ベスト30」の中で、フォションと並び二位にランクされました。これは日本の文化とフランスの文化がどこかでつながったと言う意味でとても意義のあることだと思います。

そして今年はパリ店開店二十五周年を迎えます。日本の文化である和菓子の素晴らしさを、外国の人に一人でも多く知っていただきたいという虎屋の夢は四半世紀を経て、いま着実に実りつつあります。

最良の原材料を求めて

私が虎屋の十七代社長になったのは平成三年二月、四十七歳でした。それまでも副社長として父の仕事を手伝ってはきましたが、父の死後いざ一人でこの会社を受け継ぐとなると、やはり責任の重さをひしひしと感じざるを得ませんでした。

私どもの目標は虎屋があらゆる意味で「高級和菓子専門店」であり続けることです。そして、その実現方法は、①厳選した最良の原材料を使った高品質な和菓子の提供、②日本の歴史・風土・四季と結び付く文化の香り高い和菓子の提供、③感謝の気持ちを込め、お客様一人一人の心に響くような行き届いたサービス、などであると考えています。

おいしい和菓子を作るには、原材料の吟味が何よりも大切です。虎屋では、小豆は北海道産のものを使い、白小豆は群馬、茨城の農家に特に委託して栽培もしています。羊羹に使われる糸寒天は、岐阜県恵那市や長野県伊那市にある工場で作られていますし、干菓子に使う和三盆糖《わさんぼんとう》は、江戸時代以来の伝統を守る徳島県板野郡の製糖所に特注し、昔ながらの製法で手造りで作ってもらっています。また、黒砂糖は沖縄県西表島《いりおもてじま》から、地元産サトウキビを原料にした最高品質のものを調達しています。

そのほか、夏の生菓子に欠かせない葛については、奈良県宇陀郡の四百年の歴史を誇る製造元から吉野葛を仕入れ、栗は宮崎、熊本、茨城、生姜は高知、桜の葉は伊豆といった具合に、原材料へのこだわりはあらゆるものに及んでいます。

かつて天候不順で小豆の値段が普段の年の三倍くらいに高騰した年がありました。外国産を使う方法もあったのですが、国内のものにこだわって頑張りました。一年や二年のことで虎屋のイメージを落とすわけにはいかなかったからです。

一方で、日本の農業は外国産作物の攻勢や後継者不足などがからんで、生産者の確保は大変難しい状況になりつつあります。特に和菓子に必要な原材料は重労働の上に手間がかかるので、最近では「和三盆を作りたい人がなかなかいない」「厳しい寒さの中で寒天を作ろうという人がいない」などさまざまな悩みが出てきています。

虎屋ではこうした問題を考えるために、「原材料製造体験研修」制度を平成七年から始めました。産地の農家に二週間近く泊まり込み、実際に農作業をやりながら原材料の知識を深めるとともに、生産者の苦労や問題点も知ろうというのが狙いです。

文化と科学

虎屋の菓子製造工場は現在、東京、京都、御殿場の三ヶ所にあり、主力商品である羊羹、最中、水羊羹など大量生産が可能なものは御殿場工場、日保ちが短い生菓子や焼菓子、干菓子、特注品などは東京、京都の両工場が引き受ける形になっています。

御殿場工場は、昭和五十三年に羊羹と餡の専門工場としてスタートしましたが、平成五年、生産量の増大に対応するため、最新設備を誇る新御殿場工場として生まれ変わりました。

しかし、機械化の時代だからといって、すべてを機械に任せるわけではありません。御殿場工場では、工程の流れをあえて途中で切り、要所要所に人を置いてチェックをさせています。例えば羊羹作りの仕上げは、表面に浮かぶ泡の状態、餡のたれ具合などが最後の見極めポイントとなります。ここではやはり職人の熟達した目が必要なのです。

饅頭も機械で作ろうと思えば作れます。しかし虎屋では、饅頭は手作りです。数千個という注文でも同じです。なぜなら、われわれの基準に合った饅頭がまだ機械ではつくれないからです。それと同時に手作りの良さ、心のぬくもりも忘れてはいけないと思っているからです。

御殿場工場は美しい富士山の麓にあり、環境的にも全く申し分ありません。菓子作りのために富士山の湧き水を一〇〇％利用しており、地域や富士山の環境美化推進活動にも、社員がボランティアとして積極的に参加しています。私はここを環境と安全に最高に配慮した工場にしたいと考えました。

そして平成十三年、国際標準化機構（ＩＳＯ）１４００１を取得しました。これは企業が環境保全の面でいかに努力しているかを判定・認証するものです。また、食の安全への取り組みでも、同年ＨＡＣＣＰ（危害分析重要管理点）の承認を獲得しました。

一方、虎屋には二つの性格の異なる研究機関があります。一つは和菓子を文化的な面から研究・調査する「虎屋文庫」。もう一つは科学面から研究する「虎屋総合研究所」です。

虎屋文庫は昭和四十八年、父・光朝が和菓子文化を後世に伝える目的で設立しました。ここには江戸時代の御所御用記録を中心とした虎屋の古文書約八〇〇点と、菓子や食文化に関する約三〇〇〇点の古文献や図書資料、さらに青貝井籠や菓子の木型などの古器物も多数集められ、九人のスタッフが資料の保存と整理、和菓子に関する調査研究などを行っています。

史料の蓄積と研究成果はもちろん、外に向かっても発信されています。機関誌『和菓子』の発行のほか、年に一～二回の「虎屋文庫資料展」も恒例のイベントになっています。「年中行事と和菓子」「源氏物語と和菓子」「茶席の和菓子」など、さまざまな視点から和菓子をとらえた企画展は、既に六十回を超えました。

私どもは平成十五年に『虎屋の五世紀』と題する社史を刊行しました。虎屋四百八十年の歴史をつづるこの仕事の中心になったのが虎屋文庫であり、そこに収められた古くからの膨大な歴史史料でした。本書を書くに当たっても、ずいぶんこの史料の助けを借りました。

私は社長就任以来、和菓子を科学的な側面から探求する総合機関が社内にできないかと、ずっと考えてきました。それまでも基礎研究室という名前の部署がありましたが、小規模のものでした。

平成十五年、その夢が実現しました。御殿場工場の隣接地に「虎屋総合研究所」を作り、スタッフも倍増させました。これで文化、科学の両面から和菓子を研究する体制が整ったわけです。この両機関によって、私どもの会社が日本の和菓子の発展に少しでも寄与できればと思っています。

和菓子の将来

今のままの和菓子はいつまで続くだろう。新しい和菓子の姿も模索しなければならないのではないか……。これは私が虎屋に入って以来、ずっと持ち続けていた気持ちでした。そして、今までとは一線を画した新しいブランドを作ろうと決心しました。それが、平成十五年にできた「TORAYA CAFÉ」です。

メニューは「あずきとカカオのフォンダン」「きな粉と木の実の堅焼ケーキ」といった具合で、日本人が最も慣れ親しんだ餡をベースにはするものの、植物性というくくりには必ずしもこだわりませんでした。

和の素材は、餡をはじめ和三盆糖、黄粉、葛などどれも植物性です。これに対する洋の素材は虎屋の餡との相性を大切に考え、それに合うものを一つ一つ時間をかけて吟味しました。メニュー開発にはフードコーディネーターの長尾智子さんのご協力をいただきました。和洋折衷ではなく、和と洋との垣根を越えたもう一つの新しい菓子が私たちの究極の狙いでした。これが若い女性層に受け入れられたのだと思います。

お客様の年代層は全体の七割を、二十代後半から三十代前半の女性が占めています。年齢層が比較的高かった従来の虎屋の購買層とはかなり違った傾向です。ローマ字の「TORAYA」を通して、若い人に虎屋のことを知っていただいたという点でもこの新しい店を開いた意義は十分あったと思います。

また、餡を基本にした伝統的な和菓子の底力についても、改めて認識させられました。餡は他の素材と結び付いても決してその存在感はなくなりません。これまで虎屋の菓子をご存じなかった若い方が、TORAYA　CAFÉの菓子を召し上がって餡の美味しさを知り、あらためて虎屋にいらっしゃったということもありました。和菓子と餡の魅力の再発見、これは大いなる収穫でありました。

ＴＯＲＡＹＡ　ＣＡＦÉという新しい試みのなかから、和菓子の力を再認識したわけですが、伝統的なものと新しいもの、互いに比較するものがあるから、お互いの良さがよりよく分かりあえるのだという思いを、ますます強くしています。そして今後ともふたつの方向性をともに極める努力をしてまいります。

あとがき

私が虎屋の社長を引き継いだのは平成三年二月ですから、間もなく十五年になります。また今年は十月にパリ店の開店二十五周年も迎えます。

ふだん私は自分のこと、会社のことなど過去の歴史をあまり意識してはいなかったのですが、これを節目に一度虎屋の歴史を振り返ってみよう、そんな気持ちにもなりました。そうした折、新潮社からお客様をはじめとする「人」を切り口に虎屋の歴史を書かないかというお誘いがありました。

歴史の専門家でもない自分にそのようなことが出来るか危ぶみもしたことも事実です。しかし、幸いなことに虎屋文庫には、多くの記録や古文書が残されています。そうした史料をもとに、虎屋の歴史のなかに登場した方々との交流を事実にもとづいて記して行くことを心がけました。

書き終わった今、創業以来虎屋は実に多くの方々に支えられて今日を迎えることが出来たということを痛感しました。お客様はじめ先人方に対する感謝の気持ちをあらたにした次第です。今後とも新しい虎屋の歴史を作るために精進することが、虎屋を支えてくださった方々へのお礼ともなりましょう。

なお、本書は江戸時代の古文書や多くの史料を元に執筆いたしましたが、引用にあたっては読みやすさを第一に考えて仮名遣いなどの表記を改めたほか、一部内容を要約したところがあります。

最後になりましたが、本書では紙数の都合もあり虎屋に関係があった方々すべてを網羅できなかったこと、そしてまたご紹介させていただいた方々も時代によっては敬称を一部省略させていただいたことをお詫びいたしますとともに、出版に際していろいろとご助言をいただいた新潮新書編集部の後藤ひとみさんにお礼申し上げます。

二〇〇五年七月

黒川光博

【主要参考図書】

『虎屋の五世紀〜伝統と革新の経営〜通史編／史料編』虎屋編・発行、2003
『赤坂物語』河端淑子、あき書房、1984
『海軍料理おもしろ事典』高森直史、光人社、2004
『寛永文化の研究』熊倉功夫、吉川弘文館、1988
『皇室御経済史の研究』奥野高廣、畝傍書房（後篇・中央公論社）、1942－4
『御殿場清話』秩父宮雍仁親王殿下・秩父宮勢津子妃殿下共述、世界の日本社、1948
『渋沢家三代』佐野眞一、文春新書、1998
『諸艶大鑑』井原西鶴、西鶴全集第2巻、日本古典全集刊行会、1931
『食卓の情景』池波正太郎、新潮文庫、1980
『徳川実紀』黒板勝美編、新訂増補国史大系第38－47巻、吉川弘文館、1964－7
『続徳川実紀』黒板勝美編、新訂増補国史大系第48－52巻、吉川弘文館、1966－7
『日本永代蔵』井原西鶴、日本古典文学大系第48、岩波書店、1960
『日本教会史　下』ジョアン・ロドリーゲス著、池上岑夫等訳、大航海時代叢書第10、岩波書店、1970

主要参考図書

『日本の皇室事典』松崎敏弥・小野満、主婦の友社、1988
『文教の旗を掲げて』坂田道太〔述〕、西日本新聞社、1992
『牧野植物随筆』牧野富太郎、講談社学術文庫、2002
『三菱財閥』三島康雄編、日本経済新聞社、1981
『耳嚢　上中下』根岸鎮衛、岩波文庫、1991
『明治大帝』飛鳥井雅道、ちくま学芸文庫、1994
『明治天皇紀　全12巻』宮内庁編、吉川弘文館、1968－75
『歴代天皇紀』肥後和男ほか、秋田書店、1972

黒川光博　1943（昭和18）年東京生まれ。虎屋十七代。学習院大学法学部卒。富士銀行（現みずほ銀行）を経て91年より虎屋代表取締役社長。東京和生菓子商工業協同組合理事長、全国和菓子協会副会長。

Ⓢ新潮新書

132

虎屋《とらや》　和菓子《わがし》と歩《あゆ》んだ五百年《ごひゃくねん》

著　者　黒川光博《くろかわみつひろ》

2005年８月20日　発行
2022年10月15日　５刷

発行者　佐　藤　隆　信

発行所　株式会社新潮社

〒162-8711　東京都新宿区矢来町71番地
編集部(03)3266-5430　読者係(03)3266-5111
http://www.shinchosha.co.jp

印刷所　錦明印刷株式会社
製本所　錦明印刷株式会社

ISBN978-4-10-610132-8　C0221

価格はカバーに表示してあります。

Ⓢ新潮新書

383
イスラエル
ユダヤパワーの源泉
三井美奈

人口わずか七五〇万の小国は、いかにして超大国アメリカを動かすに至ったか――。四年の取材で迫ったユダヤ国家の素顔と、そのおそるべき危機管理能力、国防意識、外交術とは！

442
いけばな
知性で愛でる日本の美
笹岡隆甫

「女性の稽古事」「センスの世界」だなんて大間違い。いけばなの美を読み解けば、日本が見えてくる。身近なあれこれの謎も一気に解消する、家元直伝の伝統文化入門！

511
短歌のレシピ
俵万智

味覚に訴え、理屈は引っ込め、時にはドラマチックに――。現代を代表する歌人が投稿作品の添削を通して伝授する、日本語表現と人生を豊かにする三十二のヒント！

524
縄文人に学ぶ
上田篤

「野蛮人」なんて失礼な！　驚くほど「豊か」で平和なこの時代には、持続可能な社会のモデルがある。縄文に惚れこんだ建築学者が熱く語る「縄文からみた日本論」。

537
犯罪は予測できる
小宮信夫

街灯、パトロール、監視カメラ……だけでは身を守れない。「不審者」ではなく「景色」に注目せよ！　犯罪科学のエキスパートが説く、犯罪発生のメカニズムと実践的防犯ノウハウ。